Statistique descriptive

Exploration
Recherches en sciences de l'éducation

La pluralité des disciplines et des perspectives en sciences de l'éducation définit la vocation de la collection Exploration, celle de carrefour des multiples dimensions de la recherche et de l'action éducative. Sans exclure l'essai, Exploration privilégie les travaux investissant des terrains nouveaux ou développant des méthodologies et des problématiques prometteuses.

Collection de la Société Suisse pour la Recherche en Education, publiée sous la direction de Rita Hofstetter, André Petitat et Bernard Schneuwly

Paul Mengal

Statistique descriptive

7e édition

PETER LANG
Bern · Berlin · Bruxelles · Frankfurt am Main · New York · Oxford · Wien

Information bibliographique publiée par «Die Deutsche Bibliothek»
«Die Deutsche Bibliothek» répertorie cette publication dans la «Deutsche Nationalbibliografie»; les données bibliographiques détaillées sont disponibles sur Internet sous ‹http://dnb.ddb.de›.

Réalisation couverture: Thomas Jaberg, Peter Lang AG

ISBN 3-03910-237-0
ISSN 0721-3700

Hochfeldstrasse 32, Postfach 746, CH-3000 Berne 9
info@peterlang.com, www.peterlang.com, www.peterlang.net

Table des matières

Page

Introduction

Un enseignement de la statistique dans le cadre d'une Faculté de Psychologie et des Sciences de l'Education ne peut en aucun cas être conçu comme une fin en soi. Il s'inscrit par contre et de façon naturelle dans toute formation à caractère scientifique dont les méthodes supposent tôt ou tard le recueil de données, leur description et un souci de généralisation.

Le recours aux méthodes statistiques impose que les faits issus de l'observation ou de l'expérimentation soient recueillis de façon à permettre la mesure ou tout au moins le dénombrement. Dès lors que cette condition se trouve remplie, il est possible de recourir à la *statistique descriptive* dont l'objectif principal est la description condensée d'ensembles de mesures. Cette description condensée s'effectue soit au moyen de tableaux et graphiques, soit en calculant des indices qui résument l'information contenue dans les données.

Mais là ne s'arrêtent généralement pas les souhaits du chercheur ou du praticien. Les données enregistrées ne proviennent habituellement que d'une fraction – parfois fort petite! – des individus concernés par l'étude. En utilisant les méthodes de la *statistique inferentielle,* on peut alors généraliser si possible les résultats à l'ensemble des individus concernés.

Chapitre premier

Statistique descriptive

Notion de mesure

Il n'entre pas dans nos intentions d'exposer ici la théorie de la mesure dans le cadre des sciences humaines, ni même d'en donner une définition axiomatisée. Nous souhaitons seulement en donner une définition intuitive qui ne soit pas trop éloignée de la rigueur mathématique.

A. Mesure et échelles de mesure

Quand nous considérons des objets, nous avons l'habitude de les caractériser par certaines propriétés telles que taille, volume, couleur, intelligence ... De plus ces propriétés sont assorties d'un certain jeu de nuances fournies par le langage courant: grand, moyen, petit ... pour la taille, jaune, vert, bleu ... pour la couleur, etc. Mais quelle que soit la richesse de notre vocabulaire, il est clair que divers objets, pourtant perceptivement différents, seront également qualifiés de verts, de grands, etc. ... A la caractérisation linguistique des diverses modalités d'une propriété d'objet, on peut envisager de substituer une caractérisation numérique plus précise. Cependant définir la mesure comme l'affectation de nombres à des objets est trop sommaire sans précautions supplémentaires. Imaginons une collection de bâtonnets de taille différente et la relation «plus grand que». Le système $\alpha = <A,R>$ ou A représente l'ensemble des bâtonnets et R la relation «plus grand que», se définit comme un *système relationnel empirique.* Lorsqu'un système relationnel empirique peut être représenté par un *système numérique,* on parlera de mesure. Mais il faut tout d'abord savoir qu'entendre par *représentation.*

On dira qu'un système $\alpha = <A,R>$ est représenté par un système $\beta = <B,S>$ s'il existe une application f de A vers B telle que pour tout x, y dans A:

$$x \; R \; y \rightarrow f(x) \; S \; f(y)$$

Si β représente α et α représente β, on parlera de systèmes isomorphes.

Reprenons notre exemple des bâtonnets. Imaginons que nous ordonnions cinq bâtonnets par la taille: $b_1 > b_2 > b_3 > b_4 > b_5$. Si à chaque bâtonnet on fait correspondre un nombre de façon telle que la relation «plus grand que» soit respectée, on admettra que le système numérique fournit une représentation du système relationnel empirique. Cependant divers systèmes numériques apparaissent aptes à fournir une bonne représentation (il en existe même une infinité dans cet exemple).

A $b_1 > b_2 > b_3 > b_4 > b_5$ on peut faire correspondre:

$5 > 4 > 3 > 2 > 1$ ou

$-1 > -2 > -3 > -4 > -5$ ou encore

$273 > 271 > 15 > 6 > 1/4$ etc. ...

Les représentations par des systèmes numériques portent le nom *d'échelles de mesure*. Elles se définissent par les propriétés de la ou des relations que l'on peut établir entre les éléments de l'ensemble considéré et par les transformations qui laissent invariantes les propriétés de ces relations. Le problème des relations entre les différents systèmes numériques que l'on peut construire comme représentations d'un même système relationnel empirique porte le nom de problème de l'*unicité*. Il s'agit de répondre à la question: le système de nombres est-il choisi arbitrairement ou de façon univoque? Dans l'exemple précédent, nous avons construit trois systèmes de nombres représentant chacun le même système relationnel empirique. On peut constater que tout système de 5 nombres satisfaisant à la relation > fournit une représentation convenable. Dès lors toute transformation monotone (qui préserve l'ordre) d'une échelle conduit à une autre échelle acceptable. On voit donc, dans ce cas, que le système de nombres peut être choisi arbitrairement.

Les échelles de mesure peuvent être classées en fonction de propriétés qui doivent être conservées lorsqu'on leur applique une transformation. Comme ces transformations préservent certaines propriétés, on les appellera *transformations d'invariance*. La distinction des échelles de mesure est très importante car elle permet de fonder la pertinence des indices élaborés dans la description statistique. On distingue habituellement quatre types d'échelles de mesure dont nous allons successivement détailler les propriétés.

A.1. Echelle nominale

Lorsqu'un ensemble peut être partitionné en classes d'équivalence, on parlera d'échelle nominale. Ceci signifie que les éléments d'une même classe sont unis par une relation d'équivalence, c'est-à-dire une relation symétrique et transitive ou plus formellement:

Pour x, y, z quels qu'ils soient:

a) ou bien $x = y$ ou bien $x \neq y$

b) si $x = y \rightarrow y = x$ symétrie

c) si $x = y$ et $y = z \rightarrow x = z$ transitivité

Un tel système doit être exhaustif – chaque élément appartient à une classe – et formé de classes mutuellement exclusives – *chaque élément appartient à une et une seule classe.* Il s'agit donc bien d'une application qui associe sa classe à chaque élément.

On peut se poser la question, à propos des échelles nominales, du rôle des nombres. Ils sont à considérer simplement comme des étiquettes permettant l'identification des classes. Il suffit donc, pour ôter toute ambiguïté, que ces numéros soient différents les uns des autres. Par exemple, les numéros des plaques d'immatriculation des véhicules constituent une échelle nominale. A chaque véhicule correspond un et un seul numéro qui permet son identification. Il n'y a aucune relation entre la grandeur du nombre inscrit sur la plaque et l'importance du véhicule! Il résulte des propriétés de l'échelle nominale qu'il est possible de permuter à la fois les individus qui appartiennent à une même classe et de permuter les classes entre elles. *La transformation d'invariance de l'échelle nominale est la permutation.*

Exemples:

1. Il est fréquent dans les questionnaires de demander la nationalité, le sexe du répondant. Ces deux caractères constituent des échelles nominales.
2. Dans l'enseignement secondaire, la répartition des élèves dans les différentes sections (latine, scientifique, générale, pratique ...) permet également de définir une échelle nominale.
3. Dans certaines situations expérimentales, certaines conditions d'expérience peuvent également constituer des échelles nominales. La dichotomie «groupe expérimental – groupe contrôle», diverses modalités de consigne sont des exemples fréquemment rencontrés.

A.2. Echelle ordinale

Lorsque les modalités d'une propriété peuvent être ordonnées, on parlera d'échelle ordinale. La relation qui existe entre ces modalités est antisymétrique et transitive. Formellement, pour tout x, y, z quels qu'ils soient:

a) si $(x \neq y) \rightarrow x < y$ ou $x > y$

b) si $(x \leq y)$ et $(y \leq x) \rightarrow x = y$ antisymétrie

c) si $(x \leq y)$ et $(y \leq z) \rightarrow (x \leq z)$ transitivité

Dans ce cas, un système relationnel empirique est fonction monotone d'un système numérique. Tout ensemble de nombres laissant l'ordre invariant peut donc représenter le système relationnel empirique. La *transformation d'invariance d'une échelle ordinale est l'application monotone.* Comme le choix du système numérique est arbitraire, l'usage est de numéroter les k modalités par les entiers naturels consécutifs de 1 à k. Cette procédure porte le nom de *rangement.* Les rangs ainsi obtenus ne permettent cependant pas toutes les manipulations arithmétiques voulues. En effet, quand bien même deux nombres consécutifs présentent un intervalle égal à l'unité, cette propriété ne se retrouve pas au niveau du système relationnel empirique. Une échelle ordinale ne possède donc pas de structure arithmétique. Si on classe les performances scolaires au moyen d'une échelle libellée comme suit:

Mauvais Médiocre Passable Bien Excellent

Ces attributs sont reliés de gauche à droite par une relation du type «inférieur à». On pourrait substituer à cette échelle les nombres 1, 2, 3, 4, 5 entre lesquels subsiste la même relation. Cependant, si 4 est bien le double de 2, on ne peut guère affirmer que la performance qualifiée de «Bien» soit le double de celle qualifiée de «Médiocre». En d'autres termes, si la condition de représentation est respectée, il n'en est pas de même pour la condition d'unicité car les nombres $^1/_3$, $\sqrt{2}$, π, 7, 1221 seraient tout aussi admissibles comme représentation du système relationnel empirique.

Exemples:

1. Les classements scolaires constituent des échelles ordinales. L'écart entre le premier et le second n'est pas nécessairement identique en performance à celui qui sépare le second du troisième et ainsi de suite.

2. Dans les questionnaires d'opinion, on demande d'exprimer l'adhésion à une proposition au moyen d'une échelle en 5 ou 7 points représentant un degré croissant d'accord. Ces systèmes d'appréciation constituent également des échelles ordinales.

3. On propose à un groupe de sujets de comparer des paires de sons du point de vue de leur hauteur ou de leur intensité. Chaque sujet répond pour chaque paire possible quel est le son le plus haut ou le plus intense. A la fin de l'expérience, il est possible d'obtenir un ordre sur les sons pour chaque

propriété étudiée. On a donc constitué de la sorte une échelle ordinale. On notera toutefois que cette mesure est obtenue par une méthode subjective et que l'ordre obtenu peut différer de celui qu'on obtiendrait en mesurant la même propriété par une méthode physique classique.

A.3. Echelle d'intervalle

Ces échelles diffèrent essentiellement des échelles ordinales sur le plan de l'unicité de la représentation. En plus de définir un ordre sur les attributs d'un caractère, on peut conserver l'ordre des différences entre les valeurs d'échelle. Soient a, b, c, trois modalités d'une propriété et f la fonction qui attribue un nombre à chacune des modalités. $f(a)$, $f(b)$ et $f(c)$ sont les images par f des modalités a, b, c. Une première condition impose, par exemple, que

$$f(a) > f(b) > f(c)$$

On a donc exprimé ainsi le caractère ordinal de l'échelle. Si en plus on exige que $f(a) - f(b) = f(b) - f(c)$ ou que $2f(b) = f(a) + f(c)$, on peut poser que $f(a) = 3$, $f(b) = 2$ et $f(c) = 1$. En effet, on obtient bien $3 - 2 = 2 - 1$ ou encore $4 = 3 + 1$. De même en posant $f(a) = 24$, $f(b) = 16$ et $f(c) = 8$, on vérifie toujours que $24 - 16 = 16 - 8$ et $32 = 24 + 8$. Par contre si $f(a) = 17$, $f(b) = 8$ et $f(c) = 3$, alors $17 - 8 \neq 8 - 3$ et $16 \neq 17 + 3$.

Il ressort de cet exemple que la seule façon de satisfaire la seconde condition est de construire des intervalles égaux. Deux transformations sont admissibles qui n'altèrent pas les propriétés de l'échelle:

1) on peut opérer une translation de l'échelle, changer son origine. Par exemple on peut passer de $f(a) = 3$, $f(b) = 2$ et $f(c) = 1$ à $f'(a) = 103$, $f'(b) = 102$ et $f'(c) = 101$ sans modifier les propriétés définies ci-dessus. Cette transformation consiste donc à ajouter (ou retrancher) une constante à chaque valeur de l'échelle.

2) il est également possible de multiplier chaque valeur de l'échelle par une constante positive. Comme dans l'exemple ci-dessus, on est passé de $f(a) = 3$, $f(b)= 2$ et $f(c)= 1$ à $f'(a) = 24$, $f'(b) = 16$ et $f'(c) = 8$. Dans ce cas, chaque valeur a été multipliée par 8.

Ces deux transformations peuvent être réunies sous une même appellation. *La transformation d'invariance d'une échelle d'intervalle est l'application affine du type* $y = ax + b$ (avec $a > 0$). a exprime le changement d'unité de mesure et b le changement d'origine de l'échelle. En réunissant les deux exemples précédents, on obtient: $f''(a) = 124$, $f''(b) = 116$ et $f''(c) = 108$ et on vérifie toujours bien que $124 - 116 = 116 - 108$ et $232 = 124 + 108$. Il résulte également de ces propriétés que la connaissance de deux valeurs contiguës de l'échelle suffit à la définir complètement.

Exemples:

1. L'exemple le plus classique de l'échelle d'intervalle est la mesure de la température en degrés centigrades ou en degrés Fahrenheit. On passe en effet d'une échelle à l'autre par une transformation affine de valeurs $F = 1.8\,C + 32$.
2. L'échelle des QI (quotients intellectuels) est souvent considérée comme une échelle d'intervalle bien que ce statut soit contesté par plusieurs auteurs.
3. Dans le domaine de la psychophysique qui s'intéresse, entre autres, à la construction d'échelle de mesure subjective de grandeurs physiques, on obtient assez fréquemment des échelles d'intervalle.

A.4. Echelle de rapports

Pour la plupart des mesures physiques comme la longueur ou le poids, on obtient des échelles de rapports. Cela signifie que les conditions d'unicité sont plus fortes. En effet, ces échelles ont une origine non arbitraire. Ceci implique que la seule transformation acceptable consiste à opérer un changement d'unité de mesure. *La transformation d'invariance d'une échelle de rapports est l'application linéaire du type* $y = ax$ avec $a > 0$. La distinction entre échelles d'intervalle et échelles de rapports est, au premier examen, de moindre importance dans le domaine des sciences humaines. Par simplification, nous les regrouperons sous l'appellation *d'échelles quantitatives.*

En conclusion de ce premier chapitre, on remarquera que le problème fondamental de la mesure en sciences humaines est avant tout le problème de la représentation. Par exemple, la controverse quant au statut de l'échelle des QI: ordinale ou d'intervalle? Cette controverse tient davantage à un problème de définition de l'intelligence, de théorisation et d'opérationalisation qu'à un problème de technique de mesure. La solution appartient donc plus au psychologue qu'au mathématicien. Une autre source de difficulté provient du fait que la plupart des modèles de mesure utilisés en sciences humaines postulent la cohérence et l'objectivité des sujets d'expérience. Deux exemples peuvent faire entrevoir cette difficulté:

1) on demande à des sujets d'exprimer leur préférence pour des œuvres d'art en vue d'obtenir un ordre sur des tableaux. Il peut alors survenir le cas sui-

vant: pour trois tableaux *a, b, c* on observe que *a* est préféré à *b* et que *b* est préféré à *c*. Par transitivité, un sujet cohérent devrait évidemment préférer *a* à *c*. Or, l'observation du contraire est très fréquente.

2) dans une expérience psychophysique, un sujet déclare qu'une lumière *a* est deux fois plus intense qu'une lumière *b* et que *b* est à son tour deux fois plus intense que *c*. La conclusion cohérente serait que *a* est 4 fois plus intense que *c*. Ici aussi, l'expérience révèle souvent le contraire.

B. Notion de variable

Soient E et F deux ensembles. Nous définirons l'application f de E dans F par la relation qui lie chaque élément x de E à un seul élément y de F, application notée $x \rightarrow f(x)$ ou encore $x \rightarrow y$. x est la variable et y est l'image de x par f. Lorsqu'une variable ne prend qu'un nombre fini de valeurs, positives ou négatives, elle est *discrète*. Si elle prend toutes les valeurs d'un intervalle de **R**, elle est dite *continue* sur cet intervalle.

Dans une procédure d'observation ou d'expérimentation, les variables sont souvent classées en deux catégories en fonction de leur rôle dans le plan d'expérience. On appelle *variables indépendantes* celles qui, manipulées ou observées, sont censées avoir une influence systématique sur d'autres variables appelées les *variables dépendantes*. Ce sont les variables dépendantes qui définissent l'espace des observations. La distinction entre variables indépendantes ou dépendantes ressortit davantage au discours méthodologique que statistique. Il est donc important de noter que les variables apparaîtront indépendantes ou dépendantes uniquement en fonction de leur rôle dans le plan d'expérience et non pas en fonction de propriétés intrinsèques.

Exemple:

On décide d'étudier les performances en lecture, mesurées au moyen d'un test approprié, chez des enfants de 6 ans 6 mois. On souhaite comparer trois méthodes de lecture (globale, analytique et gestuelle) en relation avec trois types d'école (école publique, unité coopérative d'enseignement et école active). Dans cette recherche, on est en présence de deux variables indépendantes: méthode de lecture et type d'école et d'une variable dépendante: les performances au test de lecture.

Lorsque l'objectif de la recherche est la prédiction d'une variable à partir d'une ou plusieurs autres variables, les variables indépendantes portent le nom de ***prédicteurs*** et la variable dépendante celui de ***critère*** (objet de la prédiction).

Exemple:

On cherche à prédire le rendement scolaire à partir d'une batterie composée de 5 tests. La variable dépendante ou critère est constituée de la mesure du rendement scolaire et les 5 variables indépendantes ou prédicteurs sont les 5 tests de la batterie.

Il est encore possible d'opérer des distinctions à l'intérieur de cette simple dichotomie. Cela fait l'objet de la construction des plans d'expérience et n'a pas de place dans un exposé élémentaire. Signalons enfin que dans une procédure d'observation ou d'expérimentation, la procédure statistique est dite ***univariée*** quand on définit une variable dépendante, ***bivariée*** quand on en définit deux et ***multivariée*** quand on en définit plus de deux.

Deuxième chapitre

Protocole statistique

L'objet de ce deuxième chapitre est de définir la façon de présenter les résultats de l'application d'une procédure d'observation ou d'expérimentation. Ces résultats portent le nom général d'*observations.* Les objets ou personnes à propos desquels on a relevé ces observations s'appellent des *individus.* Un individu statistique n'est donc pas nécessairement une personne humaine. Ainsi dans une étude démographique, on peut recenser le nombre d'habitants par commune. Dans un tel cas, chaque commune est un individu.

A. Espace des observations

On appelle espace des observations *U*, l'ensemble de toutes les issues admissibles résultant de l'application d'une procédure d'observation ou d'expérimentation. L'espace des observations peut se présenter sous des formes très diverses. Néanmoins on peut toujours se poser la question de savoir à quel type d'échelle de mesure il correspond.

Exemples:

1. Une rubrique biographique d'un questionnaire invite le répondant à indiquer s'il est de sexe masculin ou féminin. L'espace des observations est ici très simple et on peut le noter (Masculin, Féminin). Il s'agit d'un caractère à deux attributs constituant une échelle nominale.

2. Dans ce même questionnaire, un autre item vise à situer le niveau de revenu du répondant et est libellé de la sorte:

   Gagnez-vous mensuellement:

   a) moins de 1000 FS

   b) entre 1000 FS et 1500 FS

   c) entre 1500 FS et 2000 FS

d) entre 2000 FS et 3000 FS

e) plus de 3000 FS

Le caractère «revenu» comprend 5 attributs et constitue une échelle ordinale.

3. Dans une expérience, on enregistre le temps de réponse des sujets. Ce temps est exprimé en millisecondes. Dans ce cas, l'espace des observations est numérique et il devient fastidieux d'énumérer toutes les valeurs possibles. La solution la plus simple consiste à spécifier sur quel ensemble de nombres **N**, **Q**, **R**, [0,1], etc. ... les observations prennent leurs valeurs. Dans l'exemple du temps de réponse, on est en présence d'une échelle quantitative mais il est important de noter que tous les espaces des observations numériques ne constituent pas nécessairement des caractères quantitatifs.

4. L'espace des observations peut également prendre une forme plus complexe en fonction du nombre de variables que l'on veut analyser simultanément. On pourrait, par exemple, souhaiter situer les répondants à un questionnaire à la fois du point de vue sexe et revenu. L'espace des observations sera alors formé par le produit cartésien *sexe* × *revenu*. Chaque élément sera constitué par un couple d'attributs. Par exemple: {Masculin, Moins de 1000 FS}, etc. ... Cette notion peut se généraliser aisément à plus de deux caractères.

B. Support d'un protocole statistique

Le support d'un protocole est un ensemble *S* dont les éléments sont en nombre égal à ceux de *U* et qui permet l'identification des observations. Cette identification peut se faire sous diverses formes: grille de dépouillement où chaque case de la grille contient une observation, carte perforée où chaque colonne supporte une information, tableau à double entrée où chaque cellule représente un couple d'attributs, etc. ...

Pour obtenir un protocole statistique, on construira une application qui à chaque élément de *S* associe un et un seul élément de *U*. On parlera d'un protocole de support *S* à valeurs dans *U*.

C. Notion de sous-protocole

Il existe deux façons de définir un sous-protocole.

1) Imaginons une expérience consistant à évaluer la hauteur d'un bâton planté à 10 mètres du sujet. On expérimente avec des enfants dont l'âge varie entre 6 et 10 ans. Chaque classe d'âge comprend 20 enfants ce qui donne un total de 100 sujets. Si on restreint le protocole aux 20 enfants de 6 ans, on obtient un sous-protocole par *restriction.*

2) On enregistre le sexe et le niveau de revenu de 100 personnes. On obtient le tableau suivant

Revenu

Sexe	– de 1000 F	de 1000 à 1500 F	de 1500 à 2000 F	de 2000 à 3000 F
M	5	10	25	10
F	8	13	26	3

Si on ne s'intéresse qu'au seul revenu, on obtient un sous-protocole par *projection.*

D. Codage d'un protocole statistique

On appelle codage d'un protocole $x : S \rightarrow U$, l'application $c : U \rightarrow U'$. Le codage consiste donc en une modification des valeurs de l'espace des observations. Le codage peut être une application bijective: à chaque valeur de U correspond une et une seule valeur de U'. Un codage bijectif porte le nom de *transformation.* Les transformations affines ou linéaires constituent des codages bijectifs. Par contre, arrondir des valeurs numériques n'est pas une transformation mais bien un codage obtenu par une application surjective. Il en existe d'autres que l'on peut illustrer:

1. On enregistre les temps de réponse en millisecondes (msec.) mais dans une deuxième étape, on décide de regrouper les observations en classes:

- temps de réponse < 200 msec.
- temps de réponse compris entre 200 et 250 msec.
- temps de réponse compris entre 251 et 300 msec.
- temps de réponse > 300 msec.

On est donc passé, par ce codage, de U à une partition de U en quatre classes. Lorsqu'une partition de U n'a que deux classes, elle porte le nom de *dichotomie.*

Quand U' prend des valeurs numériques, le codage est dit numérique. Il est parfois nécessaire de donner des valeurs numériques, notamment en vue d'un traitement informatique des données. Dans l'exemple déjà cité à propos des questionnaires, on obtiendra:

	U	*U*'
Sexe	Masculin	1
	Féminin 0	0
Revenu	Moins de 1000 FS	1
	Entre 1000 FS et 1500 FS	2
	Entre 1500 FS et 2000 FS	3
	Entre 2000 FS et 3000 FS	4
	Plus de 3000 FS	5

Troisième chapitre

Description statistique univariée

Ce chapitre a pour objectif d'exposer les deux méthodes de la description statistique à une seule variable: la définition d'indices et la représentation des observations au moyen de graphiques et de tableaux. Le découpage le plus commode consiste à suivre les différents types d'échelle que nous avons définis en *I.A.* Nous avons vu que ces différentes échelles rendent possibles certaines opérations du fait qu'elles présentent une certaine structure invariante sous certaines transformations. Il convient donc que les calculs des indices et les modes de représentation respectent les propriétés de ces structures.

A. Echelle nominale

Pour nous donner un vocabulaire sans ambiguïtés, il nous est apparu nécessaire de consacrer, en tête de chaque partie de ce chapitre, quelques lignes pour formaliser quelques notions et définitions de base.

A.1. Terminologie

Considérons un ensemble E de cardinal ou *effectif* N, dont chaque élément, appelé *individu*, porte un *attribut* et un seul d'un *caractère* donné. L'ensemble des attributs est symbolisé par U. Soit g, une application de E vers U qui associe à chaque individu son attribut. Cette application porte le nom de caractérisation ou plus simplement de *caractère*.

Exemples:

1. On considère l'ensemble des élèves en âge de scolarité primaire du canton de Genève: l'ensemble E des individus. D'autre part, on établit la liste des écoles primaires pour le même canton: l'ensemble U des attributs. L'application qui à chaque élève fait correspondre son école est un caractère nominal.

2. Les sujets d'une expérience, ensemble E des individus, sont numérotés de 1 à N, ensemble U des attributs, en vue de leur identification. L'application qui à chaque individu associe son numéro permet d'établir un caractère nominal numérique.

A.2. Répétitions ou fréquences absolues

Une fois que chaque individu s'est trouvé caractérisé par un attribut, il est possible de dénombrer les individus porteurs d'un certain attribut. Ce dénombrement se fait au moyen d'une application de U vers N, ensemble des entiers naturels. Cette application porte le nom de *recensement*. Dans le cas d'un protocole, l'espace des observations est l'ensemble d'arrivée alors que pour le recensement, l'espace des observations est l'ensemble de départ. On se gardera des confusions surtout lorsque U est numérique. L'image réciproque de u par g, que nous notons $g^*(u)$ est la partie de E composée des individus qui portent l'attribut u; $|g^*(u)|$ est le nombre de ces individus. On appelle ce nombre ***répétition*** (ou effectif ou fréquence absolue) de u et on le notera n_i pour $i = 1, 2, \ldots, k$ si les attributs sont numérotés de 1 à k.

Imaginons que l'on enregistre le canton d'origine de dix étudiants. On peut représenter par un diagramme cette application:

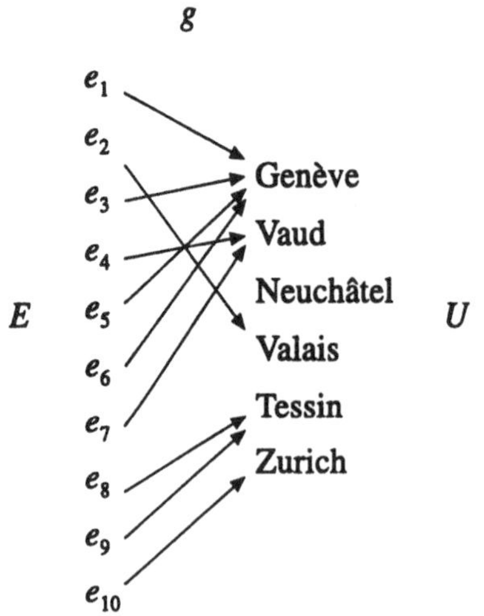

L'application g attribue son canton d'origine à chaque étudiant, élément de E. Si on renverse le sens des flèches, on obtient g^*, l'application réciproque. Les images de g^* sont alors les éléments de E. On peut constater qu'à chaque canton on peut associer une partie de E de la façon suivante:

Genève: $\{e_1, e_3, e_5, e_6\}$, Vaud: $\{e_4, e_7\}$, Neuchâtel: $\{\varnothing\}$, Valais: $\{e_2\}$, Tessin: $\{e_8, e_9\}$, Zurich: $\{e_{10}\}$.

Si on dénombre l'effectif de chaque partie, on obtient finalement les répétitions de chaque attribut:

Genève	4
Vaud	2
Neuchâtel	0
Valais	1
Tessin	2
Zurich	1

La somme des effectifs des classes qui partitionnent E,

$$\sum_{i=1}^{k} n_i = N = |E|$$

Remarque: Si aucune confusion n'est possible, l'indice de la somme et la borne supérieure seront omis dorénavant dans nos formulations.

A.3. Notion de distribution

En général, les attributs d'une échelle nominale sont en nombre fini. On peut les numéroter *arbitrairement* de 1 à k comme nous l'avons fait dans l'exemple précédent. Pour être à même de comparer les effectifs des différentes classes, il est commode de considérer les *proportions* (ou fréquences relatives). On les obtient en divisant la répétition de chaque classe n_i par l'effectif total N. On obtiendra:

$$p_i = \frac{n_i}{N} = \frac{|g^*(u_i)|}{|E|}$$

L'application qui à chaque attribut u fait correspondre sa proportion est appelée *distribution p*. Cette distribution p est une application qui prend ses valeurs dans l'intervalle [0,1]. On peut le montrer facilement. En effet, $g^*(u) \subset E$ implique que $0 \le |g^*(u)| \le |E|$ ou encore $0 \le n_i \le N$. Si on divise chaque terme de l'inégalité par N, on obtiendra $0 \le p_i \le 1$. On a vu que $\sum n_i = N$, il vient donc que $\sum p_i = \frac{1}{N} \sum n_i = 1$

Donc, *la somme des valeurs d'une distribution vaut* 1.

Dans l'exemple précédent, on obtient la distribution suivante:

$u \in U$	Genève	Vaud	Neuchâtel	Valais	Tessin	Zurich	Σ
n_i	4	2	0	1	2	1	10
p_i	0.40	0.20	0	0.10	0.20	0.10	1

Le passage à la distribution facilite également la comparaison de deux groupes recensés sur la même échelle mais dont les effectifs sont différents.

Nous désirons comparer la répartition selon le canton d'origine des dix étudiants de l'exemple précédent à un groupe de 24 étudiantes de la même volée.

	Genève	Vaud	Neuchâtel	Valais	Tessin	Zurich	Σ
G_1	4	2	0	1	2	1	10
G_2	9	6	3	2	3	1	24

Le passage aux proportions donne le résultat suivant:

	Genève	Vaud	Neuchâtel	Valais	Tessin	Zurich	Σ
G_1	0.40	0.20	0	0.10	0.20	0.10	1
G_2	0.375	0.25	0.125	0.083	0.125	0.042	1

En raison des effectifs différents, le passage aux distributions facilite la comparaison des deux groupes.

Deux types de distributions particulières sont intéressantes à considérer:

la distribution ponctuelle où tous les individus portent le même attribut. La classe représentée est d'effectif N ou encore de proportion 1, les autres classes sont de répétition nulle.

la distribution uniforme où la répétition des attributs est la même: $n_1 = n_2 = ... = n_k$. De même, les proportions de chacune des k classes sont égales à $1/k$.

A.4. Les indices statistiques nominaux

Lorsque les données sont nombreuses, lorsque les attributs sont en nombre élevé, il est nécessaire de condenser l'information. Cette condensation se fait au moyen d'indices qui sont calculés à partir des observations. Pour donner une idée globale des résultats, on souhaite généralement en exprimer la tendance générale mais aussi la variabilité. Cette seconde notion est particulièrement importante en statistique dont on pourrait presque dire que le principal objet d'étude est la variation des mesures. Pour caractériser une distribution, il convient donc d'en définir l'indice de tendance ou indice de position et l'indice de variation ou indice de dispersion.

A.4.a. Indice de position

L'indice de position résume en quelque sorte la distribution, il indique une certaine tendance. On le qualifie souvent d'indice de tendance centrale. Cependant, dans le cas d'une échelle nominale dont l'ordre d'énonciation des attributs est indifférent, il n'y a aucune raison de parler de tendance centrale. Du point de vue d'un indice de position, il est seulement possible de repérer la classe la plus représentée, celle dont la répétition est la plus élevée. Cette classe porte le nom de *classe modale* ou plus simplement *mode*. Cet indice ne s'exprime pas nécessairement par un nombre mais par la dénomination de l'attribut ou encore par le numéro de la classe considéré seulement comme un repère. Une distribution sera dite *unimodale* si elle présente un seul attribut de répétition maximum, elle sera dite *bimodale* si deux attributs sont de proportion maximum et enfin *plurimodale* s'il y en a plus de deux. La valeur informative de l'attribut modal est assez faible et son interprétation n'est pas sans poser de problèmes surtout dans le cas de distributions bimodales ou plurimodales. Une seconde difficulté se pose quand deux attributs présentent des proportions élevées très voisines. Un seul est modal mais sa signification est délicate à préciser.

Exemples:

1. Si on se réfère à l'exemple de III.A.3., le canton de Genève se présente comme attribut modal dans les deux groupes.

2. La répartition des élèves du Collège de Genève en fonction de l'établissement fréquenté est la suivante:

	Calvin	Candolle	Claparède	Rousseau	Sismondi	Voltaire	Σ
n_i	919	470	431	699	247	1014	3780
p_i	0.243	0.124	0.114	0.185	0.066	0.268	1

(Annuaire statistique de l'éducation, Genève, 1975, DIP).

L'attribut modal est donc «Collège Voltaire» mais on remarquera que le Collège Calvin, classé en deuxième position, n'est qu'à 2% d'écart. Il ne faut donc guère tirer de conclusions de l'observation de ce fait quant à l'éventuelle suprématie du Collège Voltaire!

A.4.b. Indice de dispersion

Cet indice mesure de quelle façon les différents attributs sont représentés. On penserait naturellement à exprimer cette dispersion à partir d'une classe considérée comme centrale. Or, nous avons vu qu'au niveau nominal une telle classe ne pouvait exister. Par contre, en parlant de la notion de distribution, nous avons vu que deux cas extrêmes pouvaient se présenter: la distribution ponctuelle où un seul attribut se trouve représenté et donc de dispersion nulle et à l'opposé, la distribution uniforme où les attributs sont représentés en égales proportions et donc de dispersion maximum. On devrait alors trouver un indice qui prendrait la valeur 0 dans le premier cas et la valeur maximum dans le second. Un tel indice existe et est appelé *entropie*. Ce terme a été emprunté au vocabulaire de la physique et plus précisément au second principe de la thermodynamique selon lequel tout système clos évolue vers le désordre le plus grand, c'est-à-dire vers l'entropie maximum. L'entropie pourrait donc se définir très sommairement comme une mesure du niveau d'incertitude. Le concept a été repris par la théorie de l'information où entropie est synonyme de quantité d'information nécessaire pour réduire l'incertitude d'un observateur. Un exemple simple fera mieux comprendre cette définition:

Imaginons un meuble à quatre tiroirs et le jeu suivant: On cache un objet dans l'un des tiroirs et par des questions auxquelles on ne répond que par «oui» ou par «non», un sujet naïf doit trouver dans quel tiroir se trouve l'objet. Le problème est d'optimiser le nombre de questions. Avec de la chance, une seule question peut suffire, avec malchance trois questions seraient nécessaires. Quel est le nombre minimum de questions à poser sans laisser jouer le hasard? Soit l'objet caché dans le premier tiroir. On demandera alors:

Q.1: L'objet se trouve-t-il dans l'un des deux premiers tiroirs?
R.: Oui.

Q.2: L'objet se trouve-t-il dans le second tiroir?
R.: Non.

Donc il se trouve dans le premier.

La stratégie consiste à partager successivement l'ensemble des tiroirs par moitié jusqu'à la découverte de l'objet. Imaginons maintenant huit tiroirs, il suffira d'ajouter une question. On peut alors ébaucher la table suivante:

Nombre de tiroirs	Nombre de questions
2	1
4	2
8	3
16	4

Lorsque le nombre de tiroirs double, le nombre de questions s'accroît d'une unité. Autrement dit, alors que le nombre de tiroirs suit une progression géométrique de raison 2, le nombre de questions suit une progression arithmétique de raison 1.

Plus formellement, si k est le nombre de classes (les tiroirs) et q les informations prélevées (les questions):

$$k = 2^q$$

ou encore $q = \log_2 k$

La quantité q est la quantité d'information ou entropie. On la symbolise généralement par H. Par l'exemple, on peut aisément constater que chaque question apporte une information et réduit donc l'incertitude de l'observateur. Cependant l'exemple que nous avons choisi est simpliste car chaque classe est représentée en égale proportion.

Imaginons une variante à notre premier jeu. Les tiroirs sont de couleurs différentes et il s'agit maintenant de déterminer la couleur du tiroir où se trouve l'objet caché. Pour pimenter quelque peu l'exercice, les couleurs sont inégalement représentées mais nous sommes informés de cette répartition.

Soit huit tiroirs: 4 rouges, 2 verts et 2 jaunes. Il y a donc 4 chances sur 8 que l'objet se trouve dans un tiroir rouge, $^2/_8$ dans un vert et $^2/_8$ dans un jaune. Pour optimiser le nombre de questions, il faudra donc tenir compte de ces différentes proportions.

La formule d'entropie devient donc:

$$H = -\sum p_i \log_2 p_i$$

Appliquée au cas des échelles nominales dont les attributs sont représentés par les tiroirs de notre exemple, la dispersion peut être mesurée par l'entropie. Cet indice respecte les deux conditions évoquées ci-dessus, à savoir qu'il vaut 0 dans le cas d'une distribution ponctuelle et la valeur maximum dans le cas d'une distribution uniforme. En effet:

si une des k classes est de proportion 1, les autres sont de proportion 0 et on obtient:

$$H = -1 \log_2 1$$

$$H = 0$$

si toutes les proportions sont égales à $1/k$, on aura:

$$H = (p_1 + p_2 + ... + p_k) \log_2 k$$

$$H = \log_2 k.$$

Le domaine de variation de l'entropie est donné par l'inégalité suivante:

$$0 \leq H \leq \log_2 k$$

et sa valeur maximum est fonction du nombre de classes. Il est toutefois important de noter que la fonction qui relie l'entropie au nombre d'attributs de l'échelle n'est pas linéaire. Elle se présente sous la forme:

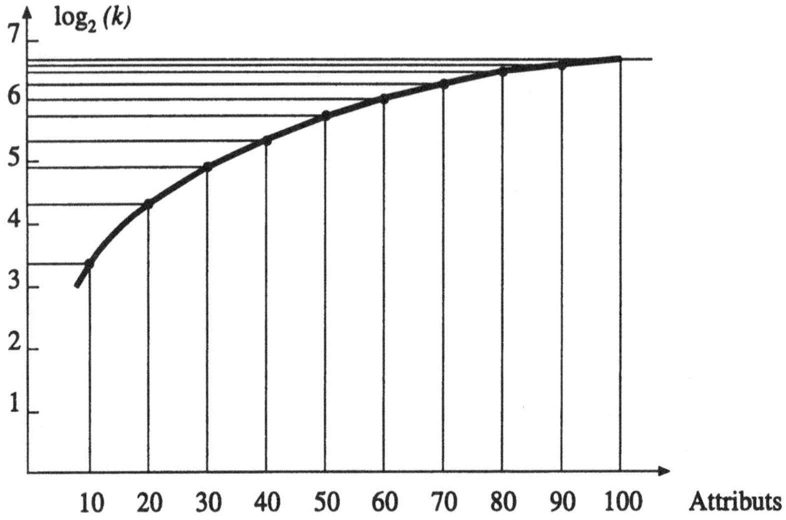

On peut constater que lorsque k augmente d'une unité, l'entropie maximum s'accroît d'une quantité qui est fonction décroissante de sa valeur actuelle.

Quand on souhaite comparer les dispersions d'échelles comportant un nombre différent d'attributs, on considérera l'entropie relative:

$$\frac{H_{\text{observée}}}{H_{\text{maximum}}} = \frac{-\sum p_i \log_2 p_i}{\log_2 k}$$

L'interprétation de l'indice est alors facilitée du fait que:

$0 \leq H_{\text{rel}} \leq 1$

Pour les problèmes de calcul, on trouvera en annexe des tables qui donnent $\log_2 k$ et $-p_i \log_2 p_i$. On se rappellera en plus que $\log_2 n = \log_{10} n \times \log_2 10$ et que $\log_2 10 = 3.32$.

Exemples:

1. Reprenons la répartition des collégiens en fonction de l'établissement:

	Calvin	Candolle	Claparède	Rousseau	Sismondi	Voltaire
n_i	919	470	431	699	247	1014
p_i	0.243	0.124	0.114	0.185	0.066	0.268
$-p_i \log_2 p_i$	0.497	0.375	0.359	0.450	0.256	0.510

$H = 2.448$

$H_{max} = \log_2 6 = 2.583$

$H_{rel} = 0.947$

Cette valeur indique que la distribution n'est pas très éloignée d'une distribution uniforme.

2. Etudions maintenant la distribution de 10 415 élèves du Cycle d'Orientation de Genève selon l'établissement fréquenté. Les établissements sont au nombre de 16:

	n_i	p_i	H
Aubépine	720	0.069	0.268
Bois-Caran	288	0.028	0.144
Budé	611	0.059	0.241
Cayla	617	0.059	0.241
Colombière	382	0.037	0.176
Coudrier	429	0.041	0.189
Florence	712	0.068	0.262
Foron	718	0.069	0.268
Golette	861	0.083	0.297
Gradelle	599	0.058	0.238
Grandes communes	853	0.082	0.296
Marais	779	0.075	0.280
Pinchat	683	0.066	0.256
Renard	694	0.067	0.262
Sécheron	694	0.067	0.262
Voirets	775	0.074	0.280

$H = 3.961$

$H_{max} = \log_2 16 = 4$

$H_{rel} = 0.990$

3. A un questionnaire 171 sujets répondent comme suit à un item:

	Oui	Non	?	Σ
n_i	128	37	6	171
p_i	0.75	0.22	0.03	1
H	0.311	0.48	0.152	

$H = 0.943$
$H_{max} = 1.584$
$H_{rel} = 0.595$

A.5. Tableau de répétition et représentation graphique

Lors qu'on souhaite représenter une échelle nominale par un tableau, on constituera une table indiquant les classes soit par leur appellation, soit par un numéro d'identification. Elles seront énumérées à la convenance de l'utilisateur. Pour chaque classe, on indiquera ensuite sa répétition et sa proportion.

$u \in E$	u_1	u_2	u_3	......	u_i	......	u_k	Σ
n_i	n_1	n_2	n_3	......	n_i	......	n_k	N
p_i	p_1	p_2	p_3	......	p_i	....	p_k	1

En ce qui concerne la représentation graphique, il semble préférable d'éviter l'emploi d'un graphique comportant une abscisse et une ordonnée. En effet, l'axe sur lequel on portera les classes ne peut en aucun cas être considéré comme un axe arithmétique. Pour éviter toute confusion, on préférera une représentation circulaire construite à partir des proportions. L'aire du cercle sera considérée comme unitaire, à chaque portion du cercle correspondra un attribut et l'aire de chaque portion correspondra à la proportion de cet attribut. La somme des pourcentages attachés à chacun des attributs vaudra bien l'unité.

Exemple:

Reprenons le cas illustré par l'exemple 3 de III.A.4.b.:

Le tableau sera le suivant:

	Oui	Non	?	Σ
n_i	128	37	6	171
p_i	0.75	0.22	0.03	1

Quant à la représentation graphique, elle se présentera comme suit:

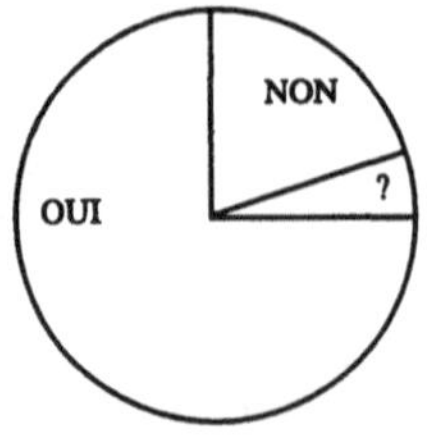

B. Echelle ordinale

Lorsque les attributs d'une échelle sont ordonnés, cette nouvelle relation définit une structure sur cette échelle. Dès lors, les indices et représentations seront fondés sur les propriétés de cette structure. Les opérations licites seront plus nombreuses et le traitement statistique sera plus riche en informations que celui que nous avons appliqué aux échelles nominales. Une échelle ordinale étant a fortiori nominale, les notions vues en III.A. sont évidemment applicables. La terminologie sera donc identique de même que les notions de répétition et de distribution. Deux remarques sont importantes:

1. Les attributs doivent être ordonnés de manière *intrinsèque* et non pas, par exemple, en fonction des répétitions respectives qui peuvent varier d'une observation à l'autre.
2. Tous les attributs doivent être situés dans l'ordre défini, celui-ci sera donc *total.*

B.1. Fonction de répartition

Du fait de la structure d'ordre total dont est pourvue l'échelle ordinale, il est possible de cumuler les proportions. La fonction de répartition (ou distribution cumulative) est notée $F(U)$ et vaut

$$\begin{array}{ll} 0 & \text{si } u < u_1 \\ p_1 + p_2 + \ldots + p_i & \text{si } u_i \leq u < u_{i+1} \\ 1 & \text{si } u \geq u_k \end{array}$$

Il s'ensuit que $F(U)$ est non-décroissante. En effet, elle n'est pas nécessairement croissante car certains attributs peuvent être de répétition nulle auquel cas on observe un palier dans le graphique de la fonction de répartition. $F(U)$ prend ses valeurs dans l'intervalle [0,1] et varie par sauts successifs de valeur p_i.

Exemple:

L'annuaire statistique de l'Education de Genève (1975) classe les élèves du Cycle d'Orientation en 8 catégories socio-professionnelles qui constituent une échelle ordinale. La tabulation est la suivante:

	n_i	p_i	$F(U)$
Ouvriers spécialisés	1248	0.122	0.122
Ouvriers qualifiés	2164	0.212	0.334
Petits indép.	1003	0.098	0.432
Agents subalt.	425	0.042	0.474
Empl. qual.	1496	0.146	0.620
Cadres moyens	1816	0.178	0.798
Cadres supér.	1397	0.137	0.935
Dirig.	675	0.065	1

B.2. Quantiles de la fonction de répartition

Le quantile de $q \in [0, 1]$ est le premier attribut dont la proportion cumulée atteint ou dépasse q.

Certains quantiles sont particulièrement usités et ont reçu des dénominations particulières. Ainsi les quantiles de 0.10, 0.20, ..., 0.90, 1.00 portent le nom de *déciles*; les quantiles de 0.01, 0.02, ..., 0.99, 1.00 sont les *centiles*; les quantiles de 0.25, 0.50, 0.75 sont les *quartiles.*

Exemples:

1. A partir du tableau de III.B.1., on pourra définir:
   Quantile de 0.25 ou 1er quartile: «ouvriers qualifiés»
   Quantile de 0.50 ou 2e quartile: «employés qualifiés»
   Quantile de 0.75 ou 3e quartile: «cadres moyens»

2. A partir du même exemple, on peut également définir:
   Quantile de 0.10 ou 1er décile: «ouvriers spécialisés»
   Quantile de 0.20 ou 2e décile: «ouvriers qualifiés»
   Quantile de 0.30 ou 3e décile: «ouvriers qualifiés»
   Quantile de 0.40 ou 4e décile: «petits indépendants»
   Quantile de 0.50 ou 5e décile: «employés qualifiés»
   Quantile de 0.60 ou 6e décile: «employés qualifiés»
   Quantile de 0.70 ou 7e décile: «cadres moyens»
   Quantile de 0.80 ou 8e décile: «cadres supérieurs»
   Quantile de 0.90 ou 9e décile: «cadres supérieurs»
   Quantile de 1.00 ou 10e décile: «dirigeants»

Le choix de la méthode de quantilage est évidemment subordonné à la précision que l'on peut obtenir sur les valeurs de *U*. Dans l'exemple traité ci-dessus, il serait vain d'opérer un centilage. On notera que le quantilage est une simple correspondance et non pas une transformation ni même un codage, c'est-à-dire que le quantilage, en général, n'est pas une application.

B.3. Transformation en rangs

Les attributs étant ordonnés, il est possible de leur substituer des rangs, c'est-à-dire des entiers consécutifs de 1 à k. A chaque attribut correspondant un et un seul rang, le *rangement* est bien une transformation. Cette transformation numérique n'ajoute évidemment rien aux propriétés de l'échelle. Entre autres, il n'y a aucune raison d'interpoler dans l'intervalle entre deux rangs pour affecter à un quantile donné une valeur numérique correspondant exactement à ce quantile si celui-ci ne correspond pas exactement à un rang. En d'autres termes, l'échelle ne devient pas continue après rangement à moins d'hypothèses particulières qui ne relèvent pas du domaine statistique (par exemple, les échelles d'attitudes de THURSTONE où l'on postule l'existence d'un continuum).

B.4. Les indices statistiques ordinaux

Ces indices se définissent sur les attributs de l'échelle, ou sur les rangs si l'on préfère des indices numériques.

B.4.a. Indice de position

Les attributs étant ordonnés, il est légitime de parler d'un indice de tendance centrale. Il se définit comme l'attribut correspondant au quantile de 0.50. On le nomme *attribut médian* ou plus simplement *médian*. Il est toujours possible de considérer le mode d'une échelle ordinale mais cet indice ne coïncide pas nécessairement avec le médian.

Exemple:

En se référant au tableau de III.B.1., on peut constater que le médian est «Employés qualifiés» qui est le premier attribut pour lequel la fonction de répartition atteint ou dépasse 0.50.

B.4.b. Indice de dispersion

Mis à part l'entropie qui peut également être employée au niveau ordinal mais qui ne tient pas compte de la structure d'ordre des attributs et est donc moins informante, le choix d'un indice de dispersion est assez malaisé. Il en existe plus d'un et le problème du choix adéquat est parfois délicat. Lorsque les attributs de l'échelle sont des rangs, le plus couramment employé est l'*écart semi-interquartile*. Soit Q_1 le premier quartile ou quantile de 0.25 et Q_3, le troisième quartile ou quantile de 0.75. L'écart semi-interquartile est alors:

$$\mathrm{ESI} = \frac{Q_3 - Q_3}{2}$$

Il est également possible de construire un indice de dispersion à partir du médian considéré comme tendance centrale: comment les individus sont-ils dispersés autour du médian? A l'attribut médian correspond un rang que l'on note r. On choisit alors comme indice de dispersion l'*écart moyen de rang*:

$$\mathrm{EMR} = \sum |i - r| p_i$$

Il s'agit donc de la somme des écarts en valeur absolue entre chaque rang (i) et le rang médian (r) pondérés par la proportion respective (p_i).

Exemples:

Reprenons les données de III.B.1. en substituant des rangs aux attributs initiaux.

	1	2	3	4	5	6	7	8
n_i	1284	2164	1003	425	1496	1816	1397	675
p_i	0.122	0.212	0.098	0.042	0.146	0.178	0.137	0.065
$F(U)$	0.122	0.334	0.432	0.474	0.620	0.798	0.935	1

Le quantile de 0.25 est le rang 2, celui de 0.75 correspond au rang 6 et l'écart semi-interquartile est alors:

$$\mathrm{ESI} = \frac{6 - 2}{2} = 2$$

Par contre, l'écart moyen de rang s'obtient comme suit:

$$\mathrm{EMR} = |1 - 5|\ 0.122 + |2 - 5|\ 0.212 + \ldots\ldots + |8 - 5|\ 0.065 = 2.009$$

Les deux valeurs sont tout à fait comparables.

Si on note par k le nombre des attributs, la valeur maximum de ces deux indices est donnée par $\frac{k-1}{2}$. Il est alors possible de construire un indice relatif permettant de comparer les dispersions de deux échelles comportant un nombre différent d'attributs.

Dans notre exemple précédent, on obtiendrait une valeur maximum de 3.5 et une valeur relative de 0.57.

On peut également s'interroger sur les relations entre entropie et indices de dispersion ordinaux. Plusieurs constatations sont intéressantes à faire:

1. L'entropie maximum n'est pas fonction linéaire du nombre des attributs alors que les indices de dispersion ordinaux le sont.

   $H_{max} = \log_2 k$ et ESI et $EMR_{max} = \frac{k-1}{2}$

2. L'entropie maximum s'obtient toujours pour une distribution uniforme ce qui n'est pas le cas pour les indices de dispersion ordinaux. Ceci est dû au fait que les attributs sont ordonnés, qu'il faut donc à la fois tenir compte de la position d'un attribut dans l'échelle et de sa proportion.

Exemple:

Soit une échelle à 5 attributs avec une distribution uniforme:

	1	2	3	4	5
p_i	0.2	0.2	0.2	0.2	0.2

H	= 2.3219	ESI	= 1	EMR	= 1.2
H_{max}	= 2.3219	ESI_{max}	= 2	EMR_{max}	= 2
H_{rel}	= 1	ESI_{rel}	= 0.5	EMR_{rel}	= 0.6

Si on avait par contre observé la distribution suivante:

	1	2	3	4	5
p_i	0.5	0	0	0	0.5

H	= 1	ESI	= 2	EMR	= 2
H_{max}	= 2.3219	ESI_{max}	= 2	EMR_{max}	= 2
H_{rel}	= 0.431	ESI_{rel}	= 1	EMR_{rel}	= 1

Dans les échelles ordinales, la dispersion maximum s'obtiendra sous deux conditions:

1. Seuls les deux attributs extrêmes sont représentés, les autres sont de répétition nulle.

2. Les attributs extrêmes sont représentés de façon égale, donc
   $p_1 = p_k = \frac{1}{2}$.

   On peut enfin ajouter que dans le cas des distributions uniformes, l'écart moyen de rang est fonction de k
   et vaut $\frac{k^2 - 1}{4k}$ si k est impair et $k/4$ si k est pair.

B.5. Tableau et représentation graphique

Les attributs seront généralement rangés selon l'ordre croissant. Comme pour l'échelle nominale, le tableau présentera les répétitions, les proportions et on y ajoutera les proportions cumulées pour obtenir la fonction de répartition.

$u \in E$	u_1	u_2	u_3	......	u_k	Σ
n_i	n_1	n_2	n_3	......	n_k	N
p_i	p_1	p_2	p_3	......	p_k	1
$F(U)$	p_1	$p_1 + p_2$	$p_1 + p_2 + p_3$	......		1

Au niveau ordinal, la représentation graphique peut se faire au moyen d'un système d'axes, abscisse et ordonnée. Cependant l'abscisse ne peut pas être considérée comme un axe arithmétique vu que les distances entre deux attributs ne sont pas égales. On portera en ordonnée les répétitions, les proportions ou les proportions cumulées selon ce qui est souhaité. Une telle représentation porte le nom de diagramme ou graphique en bâtons. La longueur de chaque bâton sera proportionnelle à la répétition de l'attribut correspondant.

Exemples:

On trouve une illustration de tableau en III.B.1. Quant aux différents graphiques correspondant à ce tableau, ils seront les suivants:

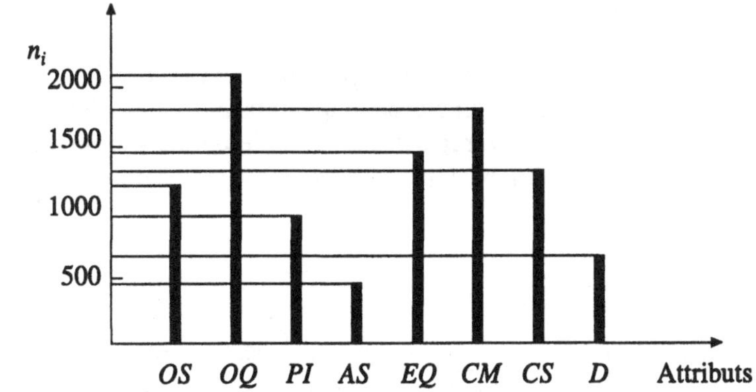
n_i
2000
1500
1000
500
OS OQ PI AS EQ CM CS D
Attributs

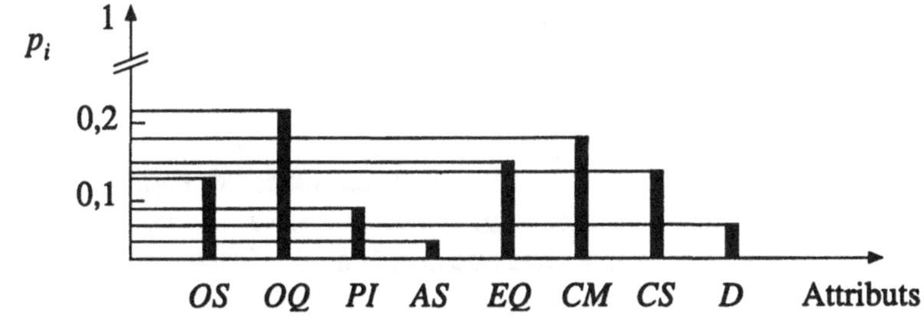
p_i
1
0,2
0,1
OS OQ PI AS EQ CM CS D
Attributs

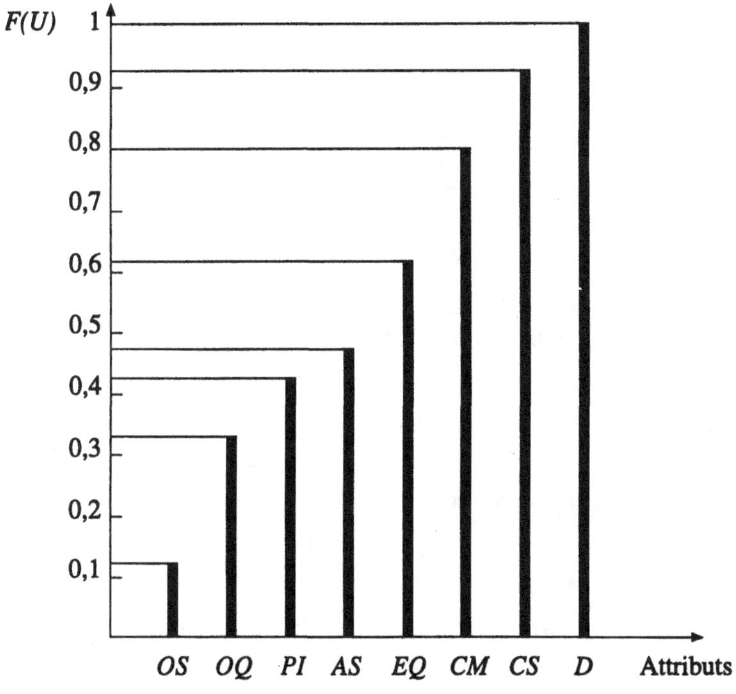
F(U)
1
0,9
0,8
0,7
0,6
0,5
0,4
0,3
0,2
0,1
OS OQ PI AS EQ CM CS D
Attributs

C. Echelle quantitative

Lorsque l'ensemble U des attributs peut être représenté par l'ensemble R des nombres réels, on est en présence d'une échelle quantitative. Les notions de répétition, distribution, fonction de répartition, quantile définies au niveau des caractères nominaux et ordinaux sont évidemment valables pour les caractères quantitatifs.

C.1. Les indices statistiques quantitatifs

Les opérations d'addition, de soustraction, de multiplication et de division étant définies sur le corps **R** des réels, la construction des indices statistiques quantitatifs s'appuiera sur cette structure arithmétique.

C.1.a. Indice de position

L'indice de position d'une échelle quantitative est un indice de tendance centrale au plein sens du terme. Il est défini par la *moyenne arithmétique*. La moyenne arithmétique est la valeur telle que la somme des écarts entre les valeurs observées et cette valeur est nulle et que la somme des carrés des écarts est minimum.

Exemple:

Considérons les attributs quantitatifs 1, 2, 3, 4, 5.

Soit u_0 un de ces nombres choisi comme origine. Si nous calculons la somme des écarts et la somme des carrés des écarts de chacun de ces nombres à l'origine, nous obtiendrons successivement:

Pour $u_0 = 1$ Somme des écarts: $0 + 1 + 2 + 3 + 4 = 10$
Somme des carrés des écarts: $0 + 1 + 4 + 9 + 16 = 30$

Pour $u_0 = 2$ Somme des écarts: $(-1) + 0 + 1 + 2 + 3 = 5$
Somme des carrés des écarts: $1 + 0 + 1 + 4 + 9 = 15$

Pour $u_0 = 3$ Somme des écarts: $(-2) + (-1) + 0 + 1 + 2 = 0$
Somme des carrés des écarts: $4 + 1 + 0 + 1 + 4 = 10$

Pour $u_0 = 4$ Somme des écarts: $(-3) + (-2) + (-1) + 0 + 1 = -5$
Somme des carrés des écarts: $9 + 4 + 1 + 0 + 1 = 15$

Pour $u_0 = 5$ Somme des écarts: $(-4) + (-3) + (-2) + (-1) + 0 = -10$
Somme des carrés des écarts: $16 + 9 + 4 + 1 + 0 = 30$

On voit donc que c'est en prenant $u_0 = 3$ que la somme des écarts est nulle et que la somme des carrés des écarts est minimum. On dira donc que 3 est la moyenne arithmétique des nombres 1, 2, 3, 4, 5.

Il est clair qu'il n'est pas nécessaire de se livrer à ces nombreuses opérations pour calculer la moyenne arithmétique (par la suite nous dirons simplement la moyenne).

Si on symbolise la moyenne par m et qu'on dispose de $u_1, u_2, \ldots u_i, \ldots u_n$ attributs quantitatifs, elle est donné par l'expression:

$$m = \frac{1}{N} \sum u_i$$

Lorsque les attributs quantitatifs se répètent, il est plus simple de construire un tableau de répétitions ou de proportions. A partir d'un tel tableau, la moyenne sera donnée par les expressions:

$$m = \frac{1}{N} \sum n_i \; u_i$$

ou

$$m = \sum p_i \; u_i$$

Exemples:

Dans une expérience sur le soulèvement d'objets chez l'adulte, on étudie divers paramètres mécaniques dont la durée d'élévation est exprimée en millisecondes. Chacun des 32 sujets soulève l'objet jusqu'à une butée placée à 30 cm de hauteur (HAUERT, 1977). Les résultats sont les suivants:

795	925	996	1052	760	735	780	845
931	947	882	960	742	880	658	730
585	620	769	738	902	876	907	942
618	672	760	936	971	1049	856	822

La moyenne s'obtient comme suit:

$$\frac{1}{32} (795 + 925 + \ldots\ldots + 856 + 822) = 832.53$$

Dans le même type d'expérience, on mesure l'amplitude du mouvement (en cm) après suppression de la butée. Pour 119 enfants de 2 à 6 ans, les résultats sont les suivants:

Attributs cm	Répétitions	Attributs	Répétitions
3	1	15	3
6	2	16	8
7	1	17	4
8	1	18	3
9	1	19	10
10	4	20	12
11	1	21	13
12	4	22	24
13	7	23	8
14	3	24	9

On calculera la moyenne comme suit:

$$\frac{1}{119}\ (3\times1)+(6\times2)+(7\times1)+\ldots+(23\times8)+(24\times9)=18.46$$

Nous avons dit en I.A.3. que la transformation d'invariance d'une échelle d'intervalle était l'application affine $y = ax + b$. Si l'échelle est ainsi transformée, on peut montrer que $m(y) = a\ m(x) + b$. La moyenne est affectée par un changement d'origine et par un changement d'unité. Une seconde propriété est également intéressante à signaler. La moyenne de la combinaison linéaire de plusieurs caractères est la combinaison linéaire des moyennes:

$$m(x+y-z) = m(x) + m(y) - m(z)$$

De façon plus générale, on peut montrer que dans le cas de plusieurs séries de mesures d'effectifs différents, la moyenne totale est la moyenne des moyennes de chaque série pondérées par leur effectif respectif.

Exemple:

Soient trois séries de mesures

A	B	C
6	4	3
5	2	1
7	9	8
8	3	6
6	6	
	9	

$n_A = 5$, $n_B = 6$ et $n_C = 4$

D'autre part, $m_A = 6.4$, $m_B = 5.5$ et $m_C = 4.5$

La moyenne totale sera donnée par

$$\frac{5(6.4) + 6(5.5) + 4(4.5)}{5 + 6 + 4} = 5.3$$

Par ces propriétés, la moyenne apparaît comme un opérateur linéaire.

Il existe d'autres indices de position tels les moyennes géométrique, harmonique ou quadratique mais leur emploi est si peu usité en sciences humaines que nous renvoyons le lecteur intéressé aux ouvrages spécialisés.

Il est également possible de calculer le médian d'un caractère quantitatif. La méthode la plus simple consiste à ranger les observations de 1 à n en ordre croissant ou décroissant. Si n est impair, le médian est donné par l'attribut de rang $\frac{n+1}{2}$ et si n est pair, on calculera la moyenne arithmétique des attributs de rang $\frac{n}{2}$ et $\frac{n}{2} + 1$.

Le médian est intéressant à calculer lorsque le caractère étudié présente des observations tellement extrêmes que la moyenne ne fournirait pas un résumé représentatif.

C.1.b. Indice de dispersion

La moyenne représentant un indice de tendance centrale, il est naturel de définir l'indice de dispersion d'un caractère quantitatif par rapport à la moyenne. Il serait tout aussi naturel de le définir comme la moyenne des écarts de chaque mesure u_i à la moyenne m, à savoir:

$$\frac{1}{N} \sum (u_i - m)$$

Cette solution est peu réaliste car nous avons vu en III.C.1.a. que la somme des écarts à la moyenne est nulle. Les écarts négatifs étant exactement compensés par les positifs, il faudrait donc pouvoir faire abstraction du signe des écarts. Un moyen serait de prendre les écarts en valeur absolue, de les sommer et d'en prendre la moyenne. Cependant cette méthode considère sur pied d'égalité tous les écarts quelle que soit leur importance. En tant qu'indice statistique, la moyenne est censée «représenter» l'ensemble des mesures. Dès lors, une mesure proche de la moyenne est mieux «représentée» par celle-ci que ne l'est une mesure éloignée. Il faut donc trouver une façon de faire qui, à la fois, rende les écarts positifs, minimise les petits écarts et maximise les grands. C'est en élevant les écarts au carré qu'on pourra satisfaire à cette double exigence.

La variance se définira comme la moyenne arithmétique des carrés des écarts à la moyenne. On la symbolise, soit par var (u), soit par s^2.

$$\text{var}\ (u) = \frac{1}{N} \sum (u_i - m)^2$$

Si on effectue le carré, on obtient:

$$\text{var}\ (u) = \frac{1}{N} \sum (u_i^2 - 2mu_i + m^2)$$

En distribuant la somme et en divisant chaque terme par N, on aura:

$$\text{var}\ (u) = \frac{\sum u_i^2}{N} - 2\ m^2 + m^2$$

soit finalement:

$$\text{var}\ (u) = \frac{\sum u_i^2}{N} - m^2$$

Cette dernière expression se retient plus facilement sous la forme: *La variance est la moyenne des carrés moins le carré de la moyenne.*

Notons au passage que les écarts à la moyenne sont obtenus par une transformation qui conduit au caractère «écarts». On dit aussi, dans ce cas, que l'on obtient un espace des observations centrées.

Lorsqu'on dispose des répétitions ou des proportions des attributs, la formule peut s'écrire:

$$\text{var}\ (u) = \frac{1}{N} \sum n_i\ (u_i - m)^2 = \sum p_i\ (u_i - m)^2$$

Exemple:

Reprenons les données de III.C.1.a. relatives à la durée d'élévation qui fournissaient une moyenne de 832.53.

Effectuons le passage au caractère «écarts»:

- 37.53	92.47	163.47	219.47	- 72.53
- 97.53	- 52.53	12.47	98.47	114.47
49.47	127.47	- 90.53	47.47	- 174.53
- 102.53	- 247.53	- 212.53	- 63.53	- 94.53
69.47	43.47	74.47	109.47	- 214.53
- 160.53	- 72.53	103.47	138.47	216.47
23.47	- 10.53			

On élève ensuite les écarts au carré, on somme et on divise par 32 pour obtenir:

var = 15921.48

On aurait pu également procéder comme suit:

$$\frac{1}{32}\ (795^2 + 925^2 + ... + 856^2 + 822^2) - (832.53)^2 = 15921.48.$$

Il est important de savoir que la variance est mesurée par le carré de l'unité de mesure; il s'agit donc d'une aire de dispersion.

Quel est enfin le comportement de la variance relativement à la transformation affine?

Soit $y = ax + b$

On sait que $m(y) = a\ m(x) + b$.

Dès lors:

$$\text{var}\ (y) = \frac{1}{N} \sum\ [(ax_i + b) - (a\ \ m(x) + b)]^2 =$$

$$\frac{1}{N} \sum\ (ax_i\ -\ a\ \ m(x))^2 - \frac{a^2}{N} \sum\ (x_i\ -\ m(x))^2 = a^2\ s^2\ (x)$$

Finalement, var $(y) = a^2$ var (x).

Ceci montre que la variance est affectée par un changement d'unité de mesure mais non par un changement d'origine lors d'une transformation affine du caractère.

Lorsqu'on souhaite exprimer la dispersion en terme des unités de mesure du caractère, on calculera l'*écart-type* qui se définit comme la racine carrée de la variance.

$$s_u = \sqrt{s_u^2}$$

L'écart-type jouit des mêmes propriétés que la variance.

Dans l'exemple ci-dessus, $s = \sqrt{15921.48} = 126.18$

Il est souvent malaisé de comparer les dispersions de caractères mesurés par des unités différentes. Pour ce faire, on considère *le coefficient de variation V* qui se définit en exprimant l'écart-type par rapport à la moyenne.

$$V = \frac{s}{m}$$

Dans le même exemple, $V = \dfrac{126.18}{832.53} = 0.15$

Le coefficient de variation est un nombre adimensionnel, il s'agit d'un indice de dispersion absolue.

On considère parfois l'*étendue* comme mesure de dispersion. Il s'agit simplement de la différence entre les attributs extrêmes lorsque ceux-ci sont rangés en ordre croissant de 1 à N. Dans ce cas l'étendue = $u_N - u_1$.

Toujours dans notre exemple

Etendue = 1052 – 585 = 467

Il existe d'autres indices permettant de caractériser les variables quantitatives. Ce sont notamment les coefficients d'asymétrie et d'aplatissement. Leur usage est toutefois peu répandu dans le domaine qui nous intéresse.

C.2. Codage et transformation d'un caractère quantitatif

Par certaines applications, il est possible de résumer plus succinctement un caractère quantitatif ou de faciliter la comparaison entre des observations mesurées par des unités différentes.

C.2.a. Groupement en classes

Lorsque les observations sont très nombreuses, il est possible de partager le domaine des attributs en classes pour en faciliter la lecture.

L'application qui consiste à attribuer à chaque observation une et une seule classe est un codage. Le nombre de classes dépendra de la finesse de la partition souhaitée et de l'étendue du caractère. Le plus souvent l'intervalle de classe i sera constant. De cette façon chaque classe peut être représentée par sa valeur centrale et la nouvelle échelle ainsi obtenue se prête à la transformation affine. Les classes seront contiguës de telle sorte que la limite supérieure d'une classe coïncide avec la limite inférieure de la classe suivante. Souvent, la limite inférieure de la première classe et la limite supérieure de la dernière classe ne sont pas définies. Ce sont les *classes ouvertes.* L'effectif d'une classe correspondra au nombre d'individus qui lui appartiennent.

Exemple:

Reprenons les observations de l'exemple 2 de III.C.1.a.

L'étendue du caractère est de 24 – 3 = 21. Si on décide de fixer l'intervalle de classe à $i = 3$, on obtiendra:

Limite de classe: 2.5
Valeur extrême inférieure: 3
Point central: 4
Valeur extrême supérieure: 5
Limite de classe: 5.5
Valeur extrême inférieure: 6
Point central: 7
Valeur extrême supérieure: 8
Limite de classe: 8.5
.
.
.

On obtiendra finalement le tableau donnant les classes, les valeurs centrales, les répétitions, les proportions et la fonction de répartition.

Classes	V_c	n_i	p_i	$F(U)$
2.5– 5.5	4	1	0.01	0.01
5.5– 8.5	7	4	0.03	0.04
8.5–11.5	10	6	0.05	0.09
11.5–14.5	13	14	0.12	0.21
14.5–17.5	16	15	0.13	0.34
17.5–20.5	19	25	0.21	0.55
20.5–23.5	22	45	0.37	0.92
23.5–26.5	25	9	0.08	1.00

Outre une meilleure visualisation des résultats, le groupement en classes permet de construire des graphiques et de calculer les indices importants de façon plus rapide. Comme il est possible d'assimiler chaque classe à la valeur centrale, les formules de la moyenne et de la variance seront:

$$m = \frac{1}{N} \sum n_i \; V_{ci}$$

$$s^2 = \frac{1}{N} \sum n_i \; (V_{ci} - m)^2$$

$$s^2 = \frac{1}{N} \sum n_i \; V_{ci}^2 - m^2$$

Dans l'exemple ci-dessus, cela donnera les valeurs:

$$m = \frac{1}{119} \; ((1.4) + (4.) + ... + (45.22) + (9.25)) = 18.52$$

$s_2 = 365.11 - (18.52)^2 = 365.11 - 342.99 = 22.12$

On peut constater dans les deux cas des différences légères par rapport au calcul effectué sur des observations non-groupées. Ceci est dû au fait que l'on assume implicitement l'hypothèse que la répartition est uniforme à l'intérieur de chaque classe. Comme cela est rarement le cas, une légère erreur peut apparaître. Cette erreur est cependant d'autant moindre que le nombre de classes est grand. De plus, pour le calcul de la variance, il existe des corrections possibles qui dépendent de la forme de la distribution.

C.2.b. Transformation en écart-réduit

Nous avons vu en III.C.1.b. qu'il était possible de passer d'un caractère quantitatif au caractère «écarts» en soustrayant la moyenne de chaque observation. Le passage au caractère «écarts-réduits» s'opère en divisant chaque écart à la moyenne par l'écart-type. On symbolise l'écart-réduit par z et il est donné par l'expression:

$$z_i = \frac{u_i - m}{s}$$

Les écarts-réduits constituent un caractère quantitatif, on peut donc en calculer la moyenne et la variance:

$$m(z_i) = \frac{1}{N} \sum \frac{(u_i - m)}{s} = 0$$

En effet, le numérateur de cette expression contient la somme des écarts à la moyenne dont on sait qu'elle est nulle.

D'autre part:

$$\text{var}(z_i) = \frac{1}{N} \sum z_i^2 - (m(z_i))^2$$

Le second terme de la différence étant nul, il vient:

$$\text{var}(z_i) = \frac{1}{N} \sum z_i^2 = \frac{1}{N} \sum \left(\frac{u_i - m}{s}\right)^2$$

$$= \frac{\frac{1}{N} \sum (u_i - m)^2}{s^2} = \frac{s^2}{s^2} = 1$$

Quel que soit le caractère considéré, la transformation en écarts-réduits conduit toujours à un caractère de moyenne nulle et de variance unité. Par cette transformation, on peut facilement comparer deux ou plusieurs caractères qui présentent des moyennes, et variances différentes. Les écarts-réduits ne s'expriment pas en terme des unités de mesure des caractères mais se présentent comme des nombres adimensionnels.

Exemple:

Voici pour 10 sujets, les scores à deux épreuves: un test d'intelligence, RAVEN PM et une épreuve sur l'inférence probabiliste.

	1	2	3	4	5	6	7	8	9	10
RAVEN PM	50	41	37	52	32	39	39	28	46	32
Probabilité	7	9	6	9	8	10	10	7	6	6

Pour le RAVEN PM, on obtient $m = 39.6$ et $s = 7.5$, tandis que pour le test Probabilité on a $m = 7.8$ et $s = 1.54$. La conversion en écarts-réduits s'obtiendra en soustrayant de chaque score sa moyenne et en divisant cet écart par l'écart-type respectif. Cela nous donnera finalement:

	RAVEN	Probabilité
1	1.39	- 0.52
2	0.19	- 0.35
3	- 0.34	- 1.17
4	1.65	0.78
5	- 1.01	0.13
6	- 0.08	1.43
7	- 0.08	1.43
8	- 1.55	- 0.52
9	0.85	- 1.17
10	- 1.01	- 1.17

C.3. Tableaux et représentations graphiques

Lorsque les données sont non-groupées, on procèdera de manière identique à celle décrite en III.B.5. pour le tableau des répétitions, proportions et proportions cumulées. En ce qui concerne les données groupées, on adoptera une présentation identique à celle de l'exemple de III.C.2.a. Au point de vue représentation graphique, on utilise généralement deux types de diagramme: l'un pour les répétitions et l'autre pour les proportions cumulées. Le premier se construit comme pour l'échelle ordinale avec les répétitions en ordonnée. Les attributs seront portés sur l'abscisse identifiée cette fois à un axe arithmétique (ou droite réelle). Le graphique se présentera donc sous la forme d'un diagramme en bâtons. La longueur de chaque bâton sera proportionnelle aux effectifs des attributs. On peut également construire le même type de diagramme pour la distribution de proportions. Le diagramme de la fonction de répartition, appelé aussi polygone de fréquences utilise la même abscisse que le diagramme en bâtons. On portera les proportions cumulées en ordonnée, 0 à l'origine et 1 à l'extrémité terminale avec une graduation intermédiaire convenablement choisie. Le polygone de fréquences se présente sous la forme d'un escalier dont les contre-marches sont de hauteur correspondante aux proportions et décalées vers le haut de telle sorte que l'extrémité initiale de chacune soit située à la même hauteur que l'extrémité terminale de la précédente. On les relie enfin par des segments horizontaux qui forment les marches de l'escalier.

Exemple:

Reprenons le tableau de l'exemple 2 de III.C.1.a. et associons-lui les graphiques des répétitions et des proportions cumulées.

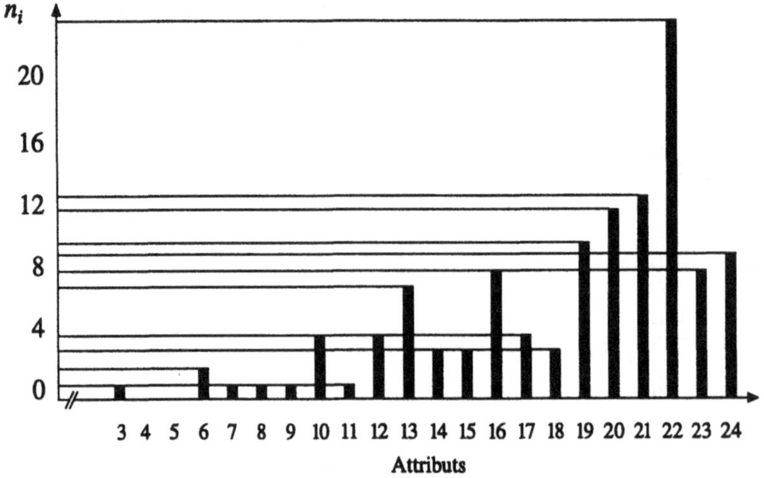

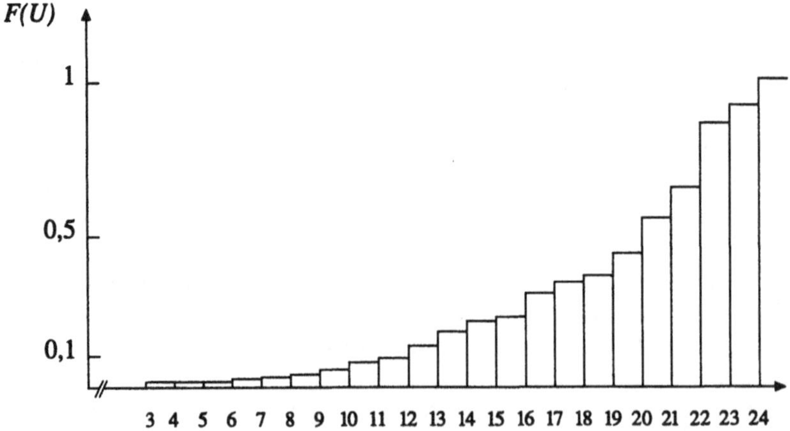

Sur le plan de la représentation graphique, le groupement en classes conduit à la notion d'*histogramme.* Dresser l'histogramme d'un recensement ou d'une distribution groupée consiste à partager l'abscisse en autant d'intervalles égaux qu'il y a de classes et à construire des rectangles contigus dont ces intervalles forment les bases et dont les répétitions (ou les proportions) sont les hauteurs. De cette façon, les aires des rectangles seront proportionnelles aux effectifs des classes (ou aux proportions).

Exemple:

A partir du tableau de III.C.2.a., construisons l'histogramme à partir des répétions.

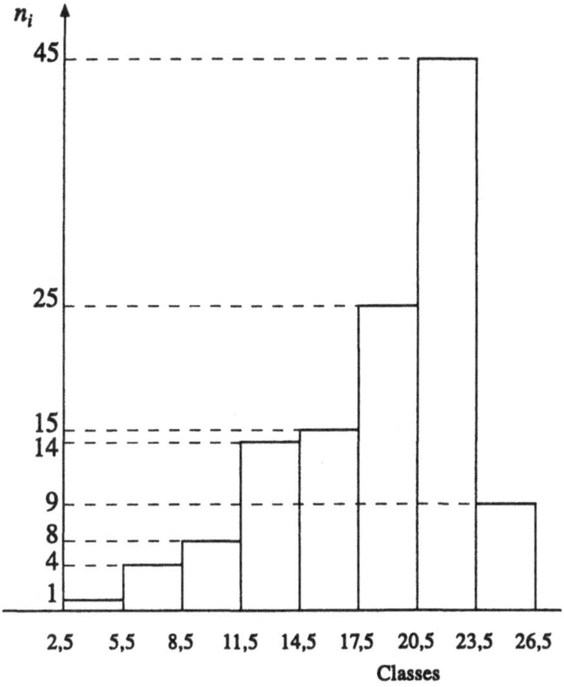

Quatrième chapitre

Description statistique bivariée

Lorsque chaque individu est caractérisé doublement, on parle de statistique bivariée. Pour deux caractères X et Y, un individu porte simultanément un attribut $x_i \in X$ et un attribut $y_j \in Y$.

Outre la description condensée de chaque caractère, la statistique bivariée a surtout pour objectif principal de mettre en évidence les relations entre les deux caractères considérés. On a vu dans le chapitre III que la notion de variabilité des mesures était très importante. Dans ce chapitre, l'accent sera mis sur la mesure de la *covariation* des caractères. Il s'agira essentiellement de construire des indices qui mesureront le degré de *dépendance fonctionnelle* entre deux caractères. Ces méthodes élémentaires de quantification des relations entre variables ne permettent pas de mesurer une dépendance causale. La portée méthodologique de cette remarque est considérable et il importe de s'en souvenir. Comme pour le chapitre III, nous suivrons dans l'exposé l'ordre des niveaux de mesure. A chacun des niveaux de mesure correspond une gamme, parfois assez vaste, d'indices d'association. Les donner tous aurait allongé inutilement l'exposé. Aussi nous limiterons-nous aux indices, soit les plus généraux, soit les plus usités.

A. Echelle nominale

L'analyse des tableaux de répétitions s'est considérablement développée ces dernières années, notamment à partir des travaux de J.-P. Benzecri. Les méthodes de taxinomie et d'analyse des correspondances développées par cet auteur fournissent actuellement un outil puissant pour la détection des structures. Leur présentation est malheureusement trop longue et trop compliquée pour trouver place dans un texte aussi élémentaire. Nous nous sommes donc bornés aux méthodes classiques dont les indices permettent rarement une interprétation très satisfaisante pour le chercheur ou le praticien. Elles ont cependant le mérite de fournir les bases indispensables à la lecture d'ouvrages plus avancés.

A.1. Terminologie

Considérons un ensemble E de cardinal N dont chaque élément ou individu porte conjointement deux attributs. Le premier ensemble d'attributs sera symbolisé par X et le second par Y. Soit g_1 une application de E vers X qui associe à chaque individu son attribut du premier caractère. Soit g_2 une application de E vers Y qui associe à chaque individu son attribut du second caractère. Le couple d'applications (g_1, g_2) porte le nom de *caractère double.* L'ensemble des couples d'attributs des caractères X et Y s'obtient en effectuant le produit cartésien des ensembles X et Y. Pour X et Y finis, le nombre total des couples d'attributs sera égal au produit des effectifs de X et Y.

A.2. Répétitions et répétitions marginales

Pour construire le recensement d'un caractère double, on effectue le produit cartésien $X \times Y$ que l'on présente sous la forme d'un tableau à double entrée qui porte le nom de *matrice de recensement.* Cette matrice de recensement sera de la forme:

n_{ij}	y_1	y_2	$y_3 \ldots$	$y_j \ldots$	y_c	$n_{i.}$
x_1	n_{11}	n_{12}	$n_{13} \ldots$	$n_{1j} \ldots$	n_{1c}	$n_{1.}$
x_2	n_{21}	n_{22}	$n_{23} \ldots$	$n_{2j} \ldots$	n_{2c}	$n_{2.}$
x_3	n_{31}	n_{32}	$n_{33} \ldots$	$n_{3j} \ldots$	n_{3c}	$n_{3.}$
.	.	.	.	.	.	.
.	.	.	.	.	.	.
.	.	.	.	.	.	.
x_i	n_{i1}	n_{i2}	$n_{i3} \ldots$	$n_{ij} \ldots$	n_{ic}	$n_{i.}$
.	.	.	.	.	.	.
.	.	.	.	.	.	.
.	.	.	.	.	.	.
x_l	n_{l1}	n_{l2}	$n_{l3} \ldots$	n_{lj}	n_{lc}	$n_{l.}$
$n_{.j}$	$n_{.1}$	$n_{.2}$	$n_{.3} \ldots$	$n_{.j} \ldots$	$n_{.c}$	

Cette notation impose quelques commentaires: les attributs de X sont indicés de 1 à l car ils induisent l lignes de la matrice, les attributs de Y sont indicés de 1 à c car ils induisent c colonnes de la matrice. Le terme ou élément de la matrice n_{ij} porte le nom de *terme générique*. Les totaux de lignes et de colonnes portent le nom de *répétitions marginales*. Dans la notation, le point remplace l'indice dont la variation est sans importance.

Les répétitions marginales s'obtiennent par les expressions:

$$n_{i.} = \sum_{j=1}^{c} n_{ij} \quad \text{et} \quad n_{.j} = \sum_{j=1}^{l} n_{ij}$$

Les égalités suivantes sont aussi remarquables:

$$\sum_i n_{i.} = \sum_j n_{.j} = \sum_i \sum_j n_{ij} = N = |E|$$

A.3. Distribution et distributions marginales

Les notions vues en III.A.3. peuvent facilement s'étendre au cas d'un caractère double. En divisant par N chaque terme n_{ij} du tableau de IV.A.2., on passe à la *matrice des proportions.*

p_{ij}	y_1	y_2	$y_3 \ldots$	$y_j \ldots$	y_c	$p_{i.}$
x_1	p_{11}	p_{12}	$p_{13} \ldots$	$p_{1j} \ldots$	p_{1c}	$p_{1.}$
x_2	p_{21}	p_{22}	$p_{23} \ldots$	$p_{2j} \ldots$	p_{2c}	$p_{2.}$
x_3	p_{31}	p_{32}	$p_{33} \ldots$	$p_{3j} \ldots$	p_{3c}	$p_{3.}$
.	.	.	. ....	. ....	.	.
.	.	.	. ....	. ....	.	.
.	.	.	. ....	. ....	.	.
x_i	p_{i1}	p_{i2}	$p_{i3} \ldots$	p_{ij}	p_{ic}	$p_{i.}$
.	.	.	. ....	. ....	.	.
.	.	.	. ....	. ....	.	.
.	.	.	. ....	. ....	.	.
x_l	p_{l1}	p_{l2}	$p_{l3} \ldots$	$p_{lj} \ldots$	p_{lc}	$p_{l.}$
$p_{.j}$	$p_{.1}$	$p_{.2}$	$p_{.3} \ldots$	$p_{.j} \ldots$	$p_{.c}$	

L'ensemble des p_{ij} porte le nom de *distribution conjointe* des caractères X et Y. Les $p_{i.}$ et $p_{.j}$ forment les *distributions marginales.*

On obtient également les égalités:

$$\sum_i p_{i.} = \sum_j p_{.j} = \sum_i \sum_j p_{ij} = 1$$

A.4. Proportions conditionnelles

Il est possible d'exprimer les répétitions ou les proportions de lignes ou de colonnes en fonction des totaux marginaux respectifs. On obtient alors les proportions conditionnelles ou liées. Que ce soit au départ des répétitions ou des proportions, on obtiendra de toute façon des proportions conditionnelles.

On les note de la manière suivante:

$$p_{i|j} = \frac{n_{ij}}{n_{.j}} = \frac{p_{ij}}{p_{.j}}$$

qu'on lira: proportions de x_i pour Y fixé à y_j.

Semblablement:

$$p_{.i|j} = \frac{n_{ij}}{n_{i.}} = \frac{p_{ij}}{p_{i.}}$$

Exemple:

La répartition des élèves du niveau primaire en fonction de l'origine (limitée à l'Europe) est la suivante pour l'enseignement privé du Canton de Genève (Annuaire statistique de l'Education, 1977)

	Suisse	**Espagne**	**France**	**Italie**	**Autres pays**
Jardin d'enfants	753	36	112	76	199
Classes enfantines	157	15	38	20	66
Classes primaires	759	60	323	100	590

Le passage à la distribution conjointe et aux distributions marginales s'obtient en divisant chaque répétition par le total 3304.

p_{ji}	**Suisse**	**Espagne**	**France**	**Italie**	**Autres pays**	$p_{i.}$
Jardin d'enfants	0.228	0.011	0.034	0.023	0.060	0.356
Classes enfantines	0.048	0.005	0.012	0.006	0.020	0.090
Classes primaires	0.230	0.018	0.098	0.030	0.179	0.554
$p_{.j}$	0.505	0.034	0.143	0.059	0.259	1

Les proportions conditionnelles se calculent selon l'intérêt, soit à partir des lignes, soit à partir des colonnes.

A titre exemplatif, calculons les proportions conditionnelles en ligne,

c'est-à-dire $p_{j|i} = \frac{p_{ij}}{p_{i.}} 10$

exemple: $p_{2|l} = \frac{0.011}{0.356} = 0.031$

$p_{j/i}$	**Suisse**	**Espagne**	**France**	**Italie**	**Autres pays**	Σ
Jardin d'enfants	0.640	0.031	0.096	0.065	0.169	1
Classes enfantines	0.530	0.051	0.128	0.068	0.223	1
Classes primaires	0.414	0.033	0.176	0.055	0.322	1

A.5. Indépendance de deux caractères nominaux

Deux caractères X et Y sont indépendants si la distribution de chacun d'eux ne dépend pas des valeurs prises par l'autre. Dans le cas contraire X et Y sont dépendants ou liés. La condition nécessaire et suffisante pour que X et Y soient indépendants est que

$$p_{ij} = p_{i.} \times p_{.j}$$

La proportion attendue pour un élément de la matrice de distribution est égale au produit des proportions marginales correspondantes. La notion d'indépendance statistique est plus large que l'indépendance fonctionnelle. En effet, deux caractères X et Y sont fonctionnellement dépendants si connaissant la valeur prise par l'un d'eux, on peut déterminer exactement la valeur prise par l'autre.

Exemple:

A partir du tableau de IV.A.4., le caractère «Type de scolarité primaire» serait indépendant du caractère «Pays d'origine» si la distribution conjointe était:

p_{ij}	**Suisse**	**Espagne**	**France**	**Italie**	**Autres pays**	$p_{i.}$
Jardin d'enfants	0.180	0.012	0.051	0.021	0.092	0.356
Classes enfantines	0.045	0.003	0.013	0.005	0.024	0.090
Classes primaires	0.280	0.019	0.079	0.033	0.143	0.554
$p_{.j}$	0.505	0.034	0.143	0.059	0.259	1

Cette matrice respecte les proportions marginales du tableau des proportions observées car la distribution de chaque caractère est fixée. Seules peuvent varier les proportions à l'intérieur du tableau pour satisfaire à l'hypothèse d'indépendance.

A.6. Indices de dépendance nominaux

La mesure de dépendance entre deux échelles nominales procède de deux approches différentes: le modèle de la théorie de l'information et le modèle classique de contingence. Ces deux modèles fournissent des indices identiques: 0 et 1 selon que les caractères sont, soit indépendants, soit en dépendance fonctionnelle stricte. Mais en dehors de ces valeurs extrêmes, les comparaisons sont délicates et posent des problèmes que nous n'évoquerons que très sommairement.

A.6.a. Mesure de coentropie

Nous avons vu en III.A.4.b. que la dispersion d'une échelle nominale pouvait se mesurer au moyen de l'indice d'entropie. L'entropie mesure la variabilité d'un caractère nominal et ce qui nous intéresse dans le cas bivarié est une mesure de la covariabilité des deux caractères nominaux. La coentropie peut être considérée comme une généralisation à deux caractères de la notion d'entropie.

L'entropie d'une distribution conjointe est donnée par:

$$H(X, Y) = -\sum\sum p_{ij} \log_2 p_{ij}$$

Semblablement, il est possible de calculer les entropies des distributions marginales, ce qui nous ramène au cas univarié:

$$H(X) = -\sum_i p_{i.} \log_2 p_{i.}$$

$$H(Y) = -\sum_j p_{.j} \log_2 p_{.j}$$

Lorsque X et Y sont des caractères indépendants, on peut chercher à calculer la valeur de la coentropie. Comme nous l'avons vu en IV.A.5., dans le cas de l'indépendance, on peut écrire:

$$p_{ij} = p_{i.} \times p_{.j}$$

d'où $\log_2 p_{ij} = \log_2 p_{i.} + \log_2 p_{.j}$

Dès lors: $H(X,Y) = H(X) + H(Y)$

Cette dernière équation peut s'énoncer comme suit: *la coentropie de deux caractères indépendants est la somme des entropies marginales.*

Avant d'aborder la mesure de dépendance, il faut introduire la notion d'*entropie conditionnelle.*

L'entropie conditionnelle du caractère Y lorsque le caractère X prend la modalité x_i est désignée par $H(Y \mid x_i)$.

Elle vaut:

$$H(Y|x_i) = -\sum_j p(y_j|x_i) \log_2 p (y_j|x_i)$$

Si on calcule cette quantité pour chaque attribut x_i, on peut obtenir l'entropie conditionnelle totale:

$$H(Y|X) = -\sum\sum p_{ij} \log_2 p (y_j|x_i)$$

et par symétrie:

$$H(X|Y) = -\sum\sum p_{ij} \log_2 p (x_i|y_j)$$

On peut alors démontrer le théorème suivant:

La coentropie de deux caractères X et Y est égale à l'entropie d'un des caractères plus l'entropie conditionnelle de l'autre par rapport au premier.

$$H(X,Y) = H(X) + H(Y \mid X)$$

ou

$H(X,Y) = H(Y) + H(X|Y)$

De part la définition de l'indépendance, il s'ensuit que:

$H(Y|X) = H(Y)$

et

$H(X|Y) = H(X)$

quand X et Y sont indépendants.

De façon générale, on peut écrire que:

$H(Y|X) \leq \mathrm{H(Y)}$

et

$H(X|Y) \leq H(X)$

De ces deux inégalités, on peut tirer pour la coentropie:

$H(X,Y) \leq H(X) + H(Y)$

La coentropie est toujours inférieure ou égale à la somme des entropies marginales. Deux cas extrêmes sont alors intéressants à considérer:

1) les deux caractères sont indépendants et l'on retrouve l'expression déjà connue:

   $H(X,Y) = H(X) + H(Y)$

2) les deux caractères sont dépendants et il faut distinguer deux possibilités:

a) un caractère est fonction de l'autre mais pas réciproquement

   $H(Y|X) = 0$ et $H(X,Y) = H(X)$

b) X est fonction de Y et réciproquement, alors:

   $H(X,Y) = H(X) = H(Y)$

A partir de ces résultats, on peut construire un indice de dépendance appelé *quantité d'information transmise*, à savoir quelle information sur Y pouvons-nous connaître à partir de l'information contenue dans X ou réciproquement. Cet indice porte également le nom de R-information.

$R = H(X) + H(Y) - H(X,Y)$

Pour obtenir une mesure symétrique comprise entre 0 et 1 on utilisera plutôt:

$$R_{\mathrm{rel}} = \frac{H(X) + H(Y) - H(X,Y)}{\max(H(X),\ H(Y))}$$

Exemples:

1. Reprenons le tableau de IV.A.4. relatif aux proportions:

$H(X,Y)$ $= 0.228 \log_2 0.228 + 0.011 \log_2 0.011 + ... + 0.030 \log_2 0.030 + 0.179 \log_2 0.179 = 3.0925$

$H(X)$ $= 0.356 \log_2 0.356 + 0.090 \log_2 0.090 + 0.554 \log_2 0.554 = 1.3144$

$H(Y)$ $= 0.505 \log_2 0.505 + ... + 0.259 \log_2 0.259 = 1.8103$

On obtient donc $R = 1.3144 + 1.8103 - 3.0925 = 0.0322$

et

$$R_{rel} = \frac{0.0322}{1.8103} = 0.0178$$

Cette valeur très proche du minimum montre que les deux caractères sont quasiment indépendants.

2. Pour les besoins de la démonstration, imaginons le tableau suivant:

p_{ij}	y_1	y_2	y_3	y_4	$p_{i.}$
x_1	0.10	0	0	0	0.10
x_2	0	0.20	0	0	0.20
x_3	0	0	0.35	0	0.35
x_4	0	0	0	0.20	0.20
x_5	0	0.15	0	0	0.15
$p_{.j}$	0.10	0.35	0.35	0.20	

On calcule:

$H(X,Y) = 2.201609$
$H(X) = 2.201609$
$H(Y) = 1.856781$
$R = 1.856781$
$R_{rel} = 1$

On remarquera à la suite du dernier exemple que l'indice R_{rel} ne permet pas de distinguer le sens de la relation fonctionnelle entre les deux caractères.

A.6.b. Mesure de contingence

Une autre manière de mesurer la dépendance statistique entre deux caractères nominaux consiste à calculer un écart entre une matrice de recensement observée et une matrice de même ordre satisfaisant à la condition d'indépendance et de se servir de cette mesure d'écart pour construire un indice approprié. L'écart se calcule à partir des répétitions et les répétitions attendues sous hypothèse d'indépendance s'obtiennent par la règle déjà énoncée: les répétitions attendues $\hat{n}_{ij}$ pour chaque terme du tableau sont égales au produit des répétitions marginales correspondantes divisé par N:

$$\hat{n}_{ij} = \frac{n_{i.} \times n_{.j}}{N}$$

Dès lors, au moyen de cette règle, il ne reste plus qu'à constituer une matrice dont les termes seront les répétitions attendues sous hypothèse d'indépendance.

L'évaluation de l'écart entre la matrice observée et la matrice attendue sous hypothèse d'indépendance se fait au moyen d'un indice symbolisé par χ^2 (chi carré). On calcule tout d'abord la différence entre les termes homologues des deux matrices. Ces différences sont élevées au carré et divisées ensuite par la répétition attendue qui correspond. On somme enfin pour tous les termes.

La formule est:

$$\chi^2 = \sum_i \sum_j \frac{(n_{ij} - \hat{n}_{ij})^2}{\hat{n}_{ij}}$$

Le fait de diviser les carrés des écarts par les répétitions attendues $\hat{n}_{ij}$ est dû au fait qu'un écart $(n_{ij} - \hat{n}_{ij})$ de même valeur absolue peut être peu important si la répétition est grande, et notable si elle est petite. C'est pour cette raison que chaque carré d'écart est pondéré de façon inversément proportionnelle aux répétitions attendues. Cet indice χ^2 n'est évidemment pas une mesure de dépendance entre les caractères considérés mais plutôt l'inverse. Pour passer à une mesure de dépendance, il faut concevoir un indice qui prendrait la valeur 1 dans le cas de la dépendance complète et 0 dans celui de l'indépendance. Les indices de dépendance nominaux sont abondants et le choix n'est pas des plus simples. Celui qui nous semble le plus général est celui de Cramer donné par l'expression:

$$K = \sqrt{\frac{\chi^2}{N \min\,(\ell - 1,\ c - 1)}}$$

Le dénominateur se lit: N fois le minimum du nombre de lignes ou de colonnes moins 1.

Pour une matrice 5 × 4 (5 lignes et 4 colonnes), le dénominateur serait: N × 3

Dans la plupart des manuels de statistique appliquée aux sciences humaines, on trouvera le plus souvent un indice assez semblable, appelé coefficient de contingence dont la formule est:

$$C = \sqrt{\frac{\chi^2}{N+\chi^2}}$$

Bien que fréquemment utilisé, cet indice présente un grave inconvénient relativement à son interprétation. Il ne prend la valeur maximum 1 que pour une matrice comportant un nombre infini de lignes et de colonnes! Dans les autres cas, sa valeur maximum dépend de l'ordre de la matrice. Pour une dépendance complète et dans le cas d'une matrice carrée, la valeur maximum du coefficient de contingence est donnée par l'expression:

$$C_{\max} = \sqrt{\frac{k-1}{k}}$$

où k représente le nombre de lignes ou de colonnes. Dans le cas d'une matrice 2 × 2, on peut aussi employer le coefficient phi dont la formule est:

$$\phi = \sqrt{\frac{\chi^2}{N}}$$

On peut facilement constater qu'il s'agit d'un cas particulier de l'indice de Cramer.

A.6.c. Relations entre le modèle de la théorie de l'information et le modèle classique de contingence

Si les deux modèles conduisent à des indices qui donnent des valeurs identiques dans le cas de l'indépendance et dans celui de la dépendance fonctionnelle, les valeurs intermédiaires sont néanmoins difficilement comparables. La statistique R-information prend sa valeur maximale en fonction du nombre d'attributs par caractère et des distributions marginales.

Exemples:

p_{ij}	y_1	y_2	y_3	y_4	$p_{i.}$
x_1	0.25	0	0	0	0.25
x_2	0	0.25	0	0	0.25
x_3	0	0	0.25	0	0.25
x_4	0	0	0	0.25	0.25
$p_{.j}$	0.25	0.25	0.25	0.25	1

p_{ij}	y_1	y_2	y_3	y_4	$p_{i.}$
x_1	0.10	0	0	0	0.10
x_2	0	0	0.20	0	0.20
x_3	0	0.30	0	0	0.30
x_4	0	0	0	0.40	0.40
$p_{.j}$	0.10	0.30	0.20	0.40	1

$H(X,Y) = 2$	$H(X,Y) = 1.8465$
$H(X) \quad = 2$	$H(X) \quad = 1.8465$
$H(Y) \quad = 2$	$H(Y) \quad = 1.8465$
$R \quad = 2$ et $R_{rel} = 1$	$R \quad = 1.8465$ et $R_{rel} = 1$

On peut constater que dans le cas d'une relation fonctionnelle bijective, R-information prend sa valeur maximum dans le cas où les distributions marginales sont uniformes. Si nous considérons les tableaux précédents comme des matrices de recensement (en multipliant les valeurs par 100, par exemple), on peut calculer les indices χ^2 et K associés.

Les $\hat{n}_{ij}$ sont tous égaux à 6.25 pour le tableau de gauche et le χ^2 vaut : 300, ce qui conduit à une valeur de $K = 1$. Malgré des $\hat{n}_{ij}$ différents, on obtient les mêmes résultats pour le tableau de droite. Le modèle de contingence ne distingue donc pas entre ces deux cas différenciés par le modèle de la théorie de l'information quand on s'en tient à la valeur R et non pas à la valeur de R relatif. On pourrait conclure que le modèle de la théorie de l'information fournit un indice plus sensible à la variété des situations possibles.

A.6.d. Représentation graphique de la dépendance entre deux caractères nominaux

Dans bien des situations, une représentation graphique adéquate fournit une aide précieuse à la compréhension d'une dépendance entre variables.

Soit une matrice de recensement 2 × 3:

n_{ij}	a	b	c	$n_{i.}$
1	10	25	12	47
2	19	15	26	60
$n_{.j}$	29	40	38	107

La matrice de distribution associée est:

p_{ij}	a	b	c	$p_{i.}$
1	0.09	0.23	0.12	0.44
2	0.18	0.14	0.24	0.56
$p_{.j}$	0.27	0.37	0.36	1

Construisons un graphique sur l'abscisse duquel on porte les attributs *a*, *b* et *c*. Leur ordre et leur espacement est évidemment indifférent car le caractère est nominal. Néanmoins pour la facilité de la lecture on les disposera dans l'ordre correspondant à celui du tableau et on les espacera également. L'ordonnée du graphique représente l'intervalle [0,1].

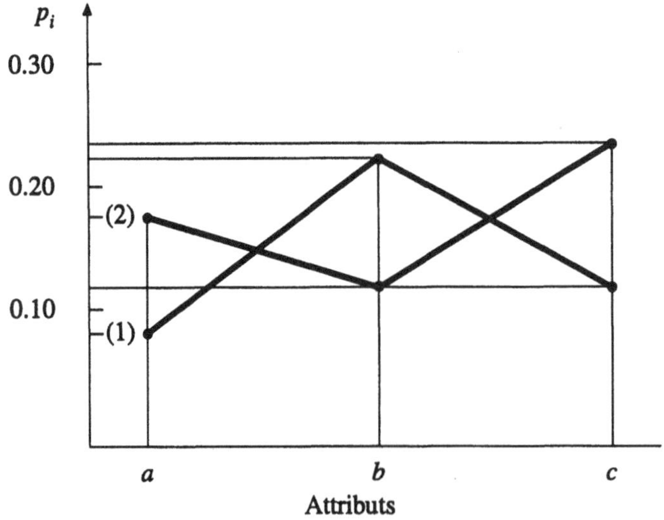

Pour chaque modalité 1 et 2 du premier caractère, on porte sur l'ordonnée la valeur de la proportion correspondante du second caractère. La détection de l'interaction ou dépendance entre les deux caractères se fait à partir des croisements entre les droites qui relient les points portés sur ce graphique. A titre comparatif, calculons la matrice de distribution correspondant à l'indépendance des deux caractères:

p_{ij}	a	b	c	$p_{i.}$
1	0.12	0.16	0.16	0.44
2	0.15	0.21	0.20	0.56
$p_{.j}$	0.27	0.37	0.36	1

Le graphique sera alors:

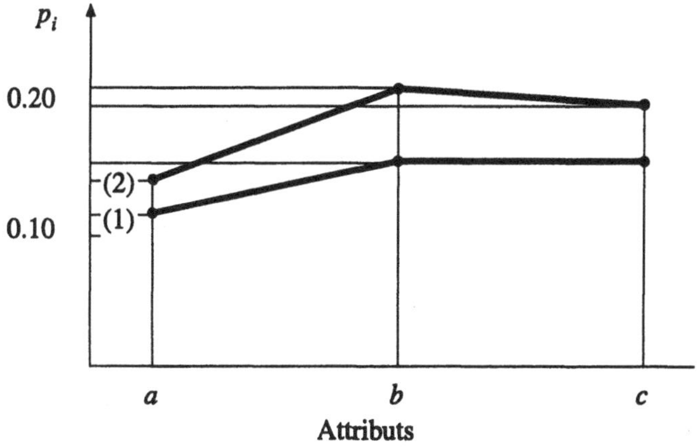

On peut constater le parallélisme des deux tracés.

B. Echelle ordinale

Les méthodes de mesure de dépendance au niveau des échelles ordinales sont généralement regroupées sous l'appellation de mesures de corrélations de rangs. Ces méthodes consistent essentiellement à analyser deux ou plusieurs ordres et à mesurer leur concordance. Il est également possible d'introduire une mesure d'association pour une matrice de recensement obtenue à partir du produit cartésien de deux caractères ordinaux. Cette dernière méthode ne diffère d'ailleurs des premières que par la façon de disposer les données. Le mode de construction des indices de dépendance ordinaux est identique quel que soit l'indice sauf dans le choix de la distance entre deux ordres. Une fois cette distance choisie, on l'exprime par rapport à la distance maximum possible pour obtenir un indice relatif. Les formules finales sont généralement aménagées pour que l'indice prenne la valeur 0 dans le cas de l'absence de liaison et la valeur ± 1 dans le cas d'une relation monotone croissante ou décroissante entre les deux séries de rangs.

B.1. Notion de distance

Nous avons fréquemment évoqué la notion d'écart, soit entre un indice comme la moyenne et les attributs d'un caractère quantitatif pour construire la notion de variance, soit entre deux matrices pour introduire le χ^2. On aurait pu définir ces écarts en tant que distance. Une distance d_{ij} entre deux éléments i et j sera définie par les propriétés suivantes:

1) $d_{ij} \geq 0$
2) $d_{ij} = d_{ji}$ (symétrie)
3) $d_{ij} + d_{jk} \geq d_{ik}$ (inégalité triangulaire)

Les distances utilisées dérivent de la distance générale de MINKOWSKI. Si x et y sont deux points ou deux vecteurs à n composantes, la distance sera

$$d_r \ (x, y) = [\sum |x_i - y_i \ |^r]^{1/r} \qquad r \geq 1$$

Deux valeurs de r sont utilisées fréquemment en statistique. Si $r = 2$, on obtient la distance euclidienne:

$$d_2(x, y) = \sqrt{\sum (x_i - y_i)^2}$$

Si $r = 1$, on obtient la distance en valeur absolue:

$$d_1 = \Sigma \ | x_i - y_i |$$

Lorsqu'on utilise ces deux distances, on peut construire les coefficients de corrélation de rangs parmi les plus usités.

B.2. Indices de dépendance ordinaux

Ces corrélations sont donc fondées sur la distance entre deux ordres et, de plus, les distances sont calculées, soit directement sur les rangs, soit sur les paires comme nous le montrerons ci-après.

B.2.a. Coefficient ρ de SPEARMAN

La première démarche consiste à ranger les individus de 1 à N et ceci pour les deux caractères. Dans un premier temps, nous considérerons qu'il n'y a pas d'ex-aequo dans les deux séries de rangs. Une fois les individus munis d'un couple de rangs, on calcule pour chaque couple une différence que l'on élève au carré et on somme ces N distances. Si r_{iX} et r_{iY} représentent les rangs du ième individu pour les caractères X et Y, on peut écrire la somme des carrés des différences:

$$d_{XY}^2 = \sum (r_{iX} - r_{iY})^2$$

Cette somme est donc la distance euclidienne entre les deux ordres observés. Pour passer au coefficient de corrélation, on rapporte cette distance à la distance maximum que l'on pourrait observer et on aménage la formule pour que le coefficient prenne respectivement la valeur 0 dans le cas de l'indépendance, la valeur +1 quand les deux ordres sont identiques et la valeur − 1 quand un ordre est l'inverse de l'autre.

La distance maximum est donnée par $^1/_3\,(N^3 - N)$. Elle correspond au cas où un ordre est l'inverse de l'autre. La formule du coefficient sera finalement

$$\rho = 1 - \frac{6\ d_{XY}^2}{N^3 - N}$$

Il s'agit donc d'une liaison fonctionnelle monotone (qui préserve l'ordre) croissante ou décroissante selon le signe du coefficient, positif ou négatif.

Exemple:

Voici pour un groupe de 8 étudiants, les notes de statistique et de logique exprimées sur 6 points.

	Statistique	**Logique**
A	4	5
B	3.5	4.5
C	2.5	3.5
D	3	3
E	5.5	6
F	5	5.5
G	1.5	2.5
H	1	1

En admettant que ces mesures ne soient pas d'intervalle mais traduisent simplement un ordre sur les performances, nous pouvons les transformer en rangs, calculer les écarts d_i et les élever au carré:

	Statistique	Logique	d_i	d_i^2
A	3	3	0	0
B	4	4	0	0
C	6	5	1	1
D	5	6	1	1
E	1	1	0	0
F	2	2	0	0
G	7	7	0	0
H	8	8	0	0

Le coefficient de SPEARMAN sera donc:

$$\rho = 1 - \frac{12}{504} = 0.98$$

Cette valeur exprime une concordance presque parfaite entre les deux classements.

B.2.b. Coefficient τ de KENDALL

Ce second coefficient diffère du précédent à la fois par la distance et par les éléments sur lesquels la distance est calculée. On sait que l'on peut toujours associer une permutation à un ordre. La méthode de KENDALL consiste à comparer deux permutations.

La distance utilisée sera simplement le nombre d'inversions qu'il faut effectuer pour passer d'une permutation à l'autre. Diverses manières de calculer cette distance sont possibles:

a) On représente un des ordres par un graphe dont les sommets sont les objets rangés et les flèches indiquent le sens de la relation. La distance de KENDALL: d_k sera simplement le nombre de flèches qu'il faut renverser pour obtenir le graphe du second ordre.

Par exemple, deux personnes classent 5 objets selon l'ordre de préférence:
ordre 1: *b c a e d*
ordre 2: *c a b d e*

Les deux graphes seront les suivants:

On peut constater qu'en inversant 3 flèches, on peut passer du premier graphe au second.
Il s'agit des flèches (a,b), (b,c) et (d,e).

b) On écrit les deux ordres comme ci-dessus et on relie entre eux les éléments homologues, le nombre de croisements donne la distance de KENDALL.

ordre 1: b c a e d

ordre 2: c a b d e

De cette façon, on observe bien 3 croisements.

c) On écrit les deux ordres comme ci-dessus et on confère arbitrairement au premier l'ordre des entiers naturels. On réécrit semblablement le second mais en tenant compte des positions des éléments homologues et on compte pour le second les inversions par rapport à l'ordre des entiers naturels pour chacun des éléments. La lecture se fait de gauche à droite. Le nombre de ces inversions est également la distance de KENDALL.

Pour l'exemple:
ordre 1: 1 2 3 4 5
ordre 2: 2 3 1 5 4

En appliquant la règle, on constate pour la seconde ligne que 3 inversions apparaissent: 2 par rapport à 1, 3 par rapport à 1 et 5 par rapport à 4.

On peut également établir par un de ces procédés la distance maximum. Elle est donnée par l'expression:

$$\max d_k = n(n-1)/2$$

Le coefficient de KENDALL s'exprimera donc comme suit:

$$\tau = 1 - \frac{4\ d_k}{n(n-1)}$$

Ce coefficient prend également la valeur 0 dans le cas de l'indépendance, la valeur 1 dans le cas où un caractère est fonction monotone croissante de l'autre et – 1 dans le cas d'une fonction monotone décroissante.

Exemple:

On demande à un sujet A de sérier en ordre de pesanteur décroissante 10 cubes de grandeur égale, numérotés de 1 à 10. La même opération est proposée ensuite à un sujet B. Voici les deux arrangements:

N° des cubes

A:	6	4	3	1	2	7	9	8	10	5
B:	4	1	6	7	5	8	10	9	3	2

En conférant au premier classement les valeurs de 1 à 10, on obtient pour le sujet B les rangs suivants:

A:	1	2	3	4	5	6	7	8	9	10
B:	3	1	9	2	10	4	8	6	7	5

En calculant le nombre d'inversions par rapport à l'ordre naturel, on obtient pour la seconde série une valeur $d_k = 18$

Le coefficient de KENDALL vaut donc:

$$\tau = 1 - \frac{72}{90} = 0.20$$

La liaison entre les deux classements s'avère assez faible.

Si l'on avait calculé le coefficient de SPEARMAN sur ces mêmes données, on aurait obtenu une distance de 108 entre les deux ordres et finalement une valeur de = 0.35.

Il ne faut pas s'étonner que ces deux coefficients calculés sur les mêmes observations produisent des résultats différents car ils ne sont pas fondés sur les mêmes distances. Seules quelques inégalités les relient.

B.2.c. Le cas d'ex-aequo

Il reste pour ces coefficients à régler le problème des ex-aequo. Si les observations présentent des individus ex-aequo, il n'est plus possible de parler d'ordre mais seulement de préordre. Cette présence d'ex-aequo a pour effet désagréable d'affaiblir la mesure de corrélation. Effectivement la structure de préordre est moins «forte» (moins riche en propriétés) que la structure d'ordre. La méthode consiste pour ces deux coefficients à introduire une correction.

Pour le coefficient de SPEARMAN, la formule la plus simple est:

$$\rho = \frac{\sum X^2 + \sum Y^2 - \sum d^2}{2\sqrt{\sum X^2 \sum Y^2}}$$

où:

$$\sum X^2 = \frac{n^3 - n}{12} - \sum T_x$$

$$\sum Y^2 = \frac{n^3 - n}{12} - \sum T_Y$$

$$\sum T_x = \sum \frac{t^3 - t}{12}$$

$$\sum T_Y = \sum \frac{t^3 - t}{12}$$

t étant dans chaque série, le nombre de rangs ex-aequo identiques.

Exemple:

Imaginons avoir relevé les notes de 10 sujets dans deux épreuves:

Sujets:	1	2	3	4	5	6	7	8	9	10
Note A:	3	5	5	5	2	4	4	3	6	1
Note B:	2	4	4	3	3	3	4	5	6	2

Nous transformons ces notes en rangs, en affectant un rang moyen aux sujets qui portent le même score. On obtient les deux séries de rangs suivantes:

Sujets:	1	2	3	4	5	6	7	8	9	10
Rangs A:	3.5	8	8	8	2	5.5	5.5	3.5	10	1
Rangs B:	1.5	7	7	4	4	4	7	9	10	1.5
d:	2	1	1	4	2	1.5	1.5	5.5	0	0.5
d^2:	4	1	1	16	4	2.25	2.25	30.25	0	0.25

De ce tableau, on peut tirer les valeurs suivantes:

$$\sum d^2 = 61$$

$$\sum X^2 = \frac{1000 - 10}{12} - \sum T_x$$

$$\sum Y^2 = \frac{1000 - 10}{12} - \sum T_y$$

$$\sum T_x = \frac{2^3 - 2}{12} + \frac{2^3 - 2}{12} + \frac{3^3 - 3}{12} = 3$$

$$\sum T_y = \frac{2^3 - 2}{12} + \frac{3^3 - 3}{12} + \frac{3^3 - 3}{12} = 4.5$$

La formule s'établira donc comme suit:

$$\rho \quad = \frac{79.5 + 78 - 61}{2\sqrt{79.5 \times 78}} = 0.612$$

Si nous avions par contre utilisé la formule sans correction pour ex-aequo, le résultat aurait été:

$$\rho \quad = 1 - \frac{6 \times 61}{1000 - 10} = 0.630$$

Il est donc clair que la présence d'ex-aequo atténue l'intensité de la liaison entre les deux caractères. On peut d'ailleurs signaler que la correction sera d'autant plus importante que plusieurs sujets seront porteurs du même rang. On peut s'en rendre compte en examinant le tableau ci-dessous:

t	:	2	3	4	5	6	7	8	9
$\frac{t^3 - t}{12}$	:	0.5	2	5	10	17.5	28	42	60

La conclusion sera que si le nombre d'ex-aequo est trop important, le calcul d'un coefficient de corrélation de rang perd toute signification.

Il existe également une formule corrigée du τ de KENDALL lorsqu'il y a des ex-aequo. Cependant, cette formule est équivalente à celle de GOODMANN/KRUSKAL qui permet de mesurer le degré d'association de deux caractères ordinaux à partir d'une matrice de recensement.

B.2.d. Coefficient G de GOODMANN et KRUSKAL

Pour une matrice de recensement associée au produit cartésien de deux caractères ordinaux, il est possible de définir un indice d'association.

Cette matrice de recensement est identique du point de vue notation à celle définie en IV.A.2.

L'indice proposé prend la valeur 0 dans le cas de l'indépendance, la valeur + 1 dans le cas d'une fonction monotone croissante entre les deux ordres et la valeur – 1 dans le cas d'une fonction monotone décroissante (un ordre est exactement l'inverse de l'autre). En terme de représentation matricielle, cela signifie que si l'indice vaut + 1, les répétitions s'alignent sur la diagonale principale (du coin supérieur gauche du tableau au coin inférieur droit) et s'il vaut – 1, sur la diagonale opposée (du coin supérieur droit au coin inférieur gauche). Ceci bien sûr, dans le cas où les attributs sont rangés par ordre croissant en ligne comme en colonne.

L'indice se calcule selon la formule:

$$G = \frac{2\ S}{N^2 - \sum_j n_{.j}^2 - \sum_i n_{i.}^2 + \sum_i \sum_j n_{ij}^2}$$

Le calcul de S est un peu délicat. On considère successivement chaque terme de la matrice, la lecture se faisant ligne par ligne et de gauche à droite.

Chaque terme n_{ij} est multiplié par les termes à sa droite et en dessous en les affectant du signe + et par les termes à gauche et en dessous en les affectant d'un signe –. Les termes de la ligne et de la colonne correspondant au terme n_{ij} sont exceptés. Ces produits sont ensuite sommés en tenant compte du signe. On répète cette démarche pour chaque terme n_{ij} (jusqu'à l'avant-dernière ligne de la matrice) et on somme l'ensemble des valeurs ainsi calculées pour obtenir S.

Un exemple fera mieux comprendre ces démarches.

Considérons la matrice de recensement suivante:

n_{ij}	y_1	y_2	y_3	y_4	$n_{i.}$
x_1	8	6	2	0	16
x_2	1	9	6	1	17
x_3	0	2	5	7	14
$n_{.j}$	9	17	13	8	47

S s'obtient de la façon suivante:

$$8(9+6+1+2+5+7)+6(6+1+5+7-1-0)+2(1+7-1-9-0-2)$$
$$+0(-1-9-6-0-2-5)+1(2+5+7)+9(5+7-0)+6(7-0-2)$$
$$+1(-0-2-5)=$$

$$240+108-8-0+14+108+30-7=485$$

Enfin le coefficient s'établit comme suit:

$$G=\frac{2\times 485}{2209-603-741+301}$$

$$G=\frac{2\times 485}{1166}=0.832$$

Exemple:

Reprenons les données de l'exemple de IV.B.2.b. relatif à la sériation du poids. Il s'agit ici de construire une matrice 10 × 10 dont les éléments seront 1 ou 0 selon qu'un couple de rangs est représenté ou non.

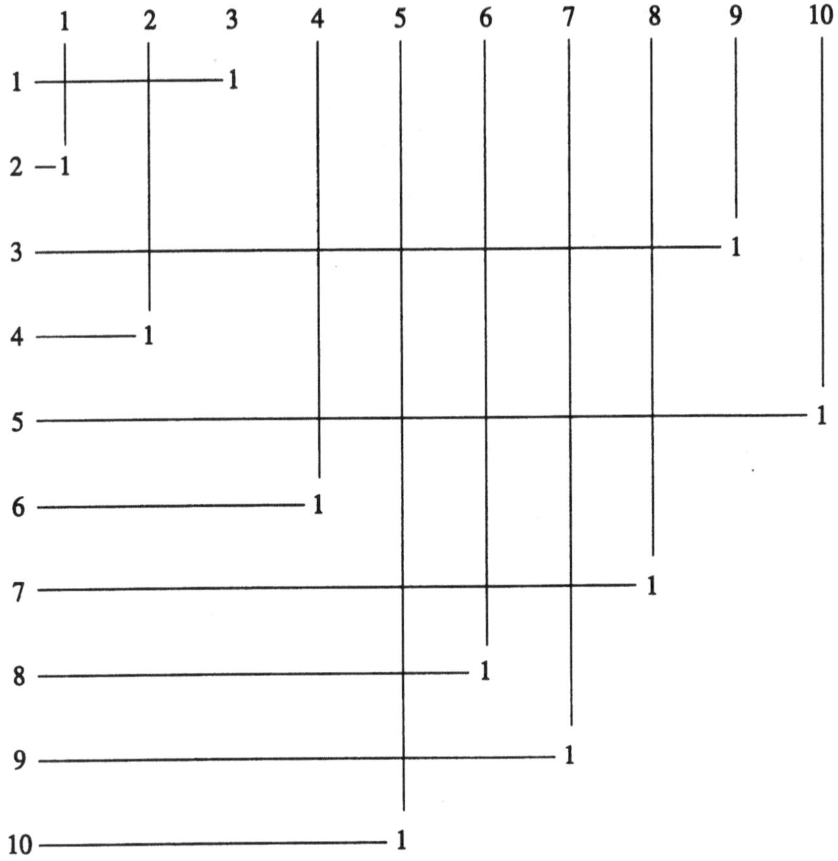

Le calcul de *S* donne une valeur de 9. La formule s'établit donc comme suit:

$$G = \frac{18}{100 - 10 - 10 + 10} = 0.20$$

Ce résultat est donc identique à celui fourni par la méthode de KENDALL.

C. Echelle quantitative

Lorsque deux caractères quantitatifs sont observés simultanément sur N individus, la description de la covariation des deux caractères peut s'effectuer selon divers modèles. Nous avons dit en introduction à ce quatrième chapitre que l'étude statistique descriptive bivariée avait pour objet la mise en évidence des relations fonctionnelles ou statistiques entre variables.

Le choix du modèle va dépendre du type de relation que l'on peut constater entre les deux variables considérées. De plus, les données provenant de l'observation ou de l'expérimentation sont fréquemment entachées d'erreurs. Dès lors, un modèle ne peut que s'ajuster plus ou moins bien aux observations. Le modèle recherché sera souvent le plus simple possible. Tel est le cas, par exemple, du modèle linéaire: à un accroissement d'une variable X correspondra un accroissement proportionnel d'une variable Y.

Pour faciliter la compréhension des notions que nous allons définir, introduisons tout d'abord celle de *diagramme de dispersion* ou *nuage de points*.

C.1. Diagramme de dispersion

Dans le cas de deux caractères quantitatifs X et Y, chaque individu peut-être représenté par un point du plan (X,Y).

Exemples:

1. A 60 enfants d'âge moyen de 13 ans, on applique deux épreuves psychologiques: le test «Progressives Matrices» de Raven et une épreuve de créativité: «Instances».

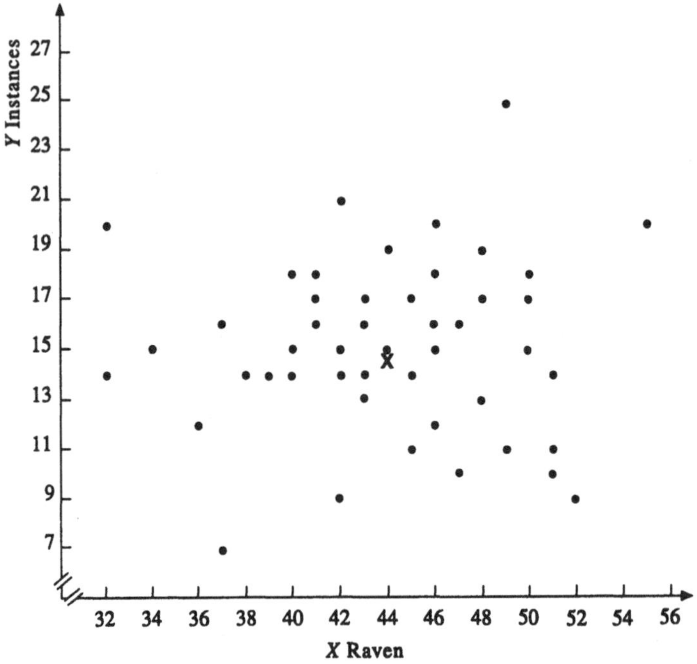

Ce diagramme de dispersion comprend 47 points car plusieurs individus portent les mêmes attributs en *X* et en *Y*. La croix dans le nuage de points représente le point d'intersection des moyennes. Ce point particulier représente le centre de gravité du nuage des points pondérés par leurs répétitions. L'examen de ce diagramme ne permet pas en première approximation de spécifier le type de relation fonctionnelle entre les deux variables.

On sait, mathématiquement, qu'il est toujours possible d'ajuster à un ensemble quelconque de *n* points le graphique d'un polynôme de degré $(n-1)$. Cependant, cette solution est peu satisfaisante car l'interprétation des coefficients du polynôme est rarement signifiante.

2. Aux mêmes enfants que dans l'exemple 1., on applique également une épreuve de créativité dite «Lignes parallèles» qui se corrige selon deux modalités: «fluidité» et «flexibilité». Chaque modalité fournit un score. Le diagramme de dispersion se présente comme suit:

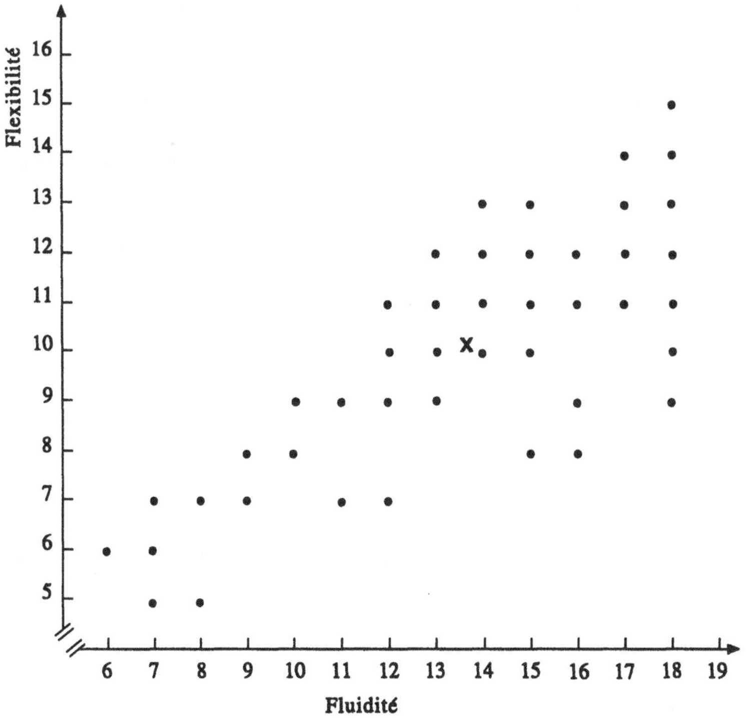

Ce deuxième diagramme de dispersion apparaît plus «lisible» que le précédent. Le nuage de points présente une direction principale d'allongement que l'on pourrait assez facilement approximer par une droite.

C.2. Covariance de deux caractères quantitatifs

La tendance à un accroissement de Y proportionnel à un accroissement de X que l'on peut approximativement constater sur le graphique de l'exemple 2. de IV.C.1. peut s'exprimer quantitativement par un indice de covariation linéaire.

La *covariance* se définit comme la moyenne du produit des écarts:

$$\operatorname{cov}(X,Y) = \frac{1}{N} \sum_i (x_i - m_x)\ (y_i - m_y)$$

En effectuant le produit et en distribuant les sommes il vient:

$$\operatorname{cov}(X,Y) = \frac{1}{N} \sum_i x_i\ y_i - m_x\ m_y$$

La covariance est égale à la moyenne des produits moins le produit des moyennes.

Propriétés:

1. La covariance peut être positive ou négative selon que la relation entre les deux caractères est croissante ou décroissante.
2. Comme la variance, la covariance est affectée par les changements d'unité mais non par les changements d'origine.

   Si $U = a + bX$ et $V = c + dY$

   $\text{cov}\,(U,V) = bd\,\text{cov}\,(X,Y)$
3. La covariance, en valeur absolue, est toujours inférieure ou égale au produit des écarts-types.

   $|\text{cov}\ (X, Y)| \leqq s_X s_Y$

   Il est également intéressant de noter que la covariance d'un caractère avec lui-même n'est rien d'autre que sa variance. En effet:

$$\text{cov}\,(X, X) = \frac{1}{N} \sum_i (x_i - m_x)\ (x_i - m_x)$$

$$= \frac{1}{N} \sum_i (x_i - m_x)^2 = \text{var}\ (X)$$

Exemples:

Reprenons les résultats des exemples de IV.C.1. et calculons les covariances:

1. $\text{cov}\,(X,Y) = \frac{1}{60}\,[(32 \times 14) + (32 \times 20) + \ldots + (52 \times 9) + (55 \times 20)]$
   $- (43.93 \times 14.83)$
   $= 0.548$
2. $\text{cov}\,(X, Y) = \frac{1}{60}\,[(6 \times 6) + (7 \times 5) + \ldots + (18 \times 14) + (18 \times 15)]$
   $- (13.65 \times 10.23)$
   $= 7.61$

C.3. Coefficient de corrélation linéaire

L'importance numérique de la covariance dépendant des unités de mesure des caractères considérés, il est délicat de tenter une interprétation directe de l'intensité de la covariation des deux caractères.

Un indice plus facilement interprétable est fourni en calculant la covariance sur les écarts-réduits.

On obtient ainsi le coefficient de corrélation linéaire.

$$\rho(X, Y) = \frac{\text{cov }(X, Y)}{s_X \, s_Y}$$

En effet: $$\text{cov }(Z_X, Z_Y) = \frac{1}{N} \sum \left(\frac{X - m(X)}{s_X}\right) \left(\frac{Y - m(Y)}{s_Y}\right) = \frac{\text{cov }(X, Y)}{s_X \, s_Y}$$

Exemples:

1. Sur la base des données de l'exemple 1 de IV.C.1. et IV.C.2. nous avions calculé une covariance de 0.548. Le coefficient de corrélation linéaire se calcule selon:

$$\rho(X, Y) = \frac{0.548}{5.461 \times 3.513} = 0.029$$

2. Répétons le même exercice sur les données de l'exemple 2 de IV.C.1. et IV.C.2., il vient alors:

$$\rho(X, Y) = \frac{7.61}{3.626 \times 2.567} = 0.818$$

L'interprétation du coefficient de corrélation linéaire est plus simple car on a vu que

$|\text{cov }(X, Y)| \leq S_x S_y$. Dès lors $-1 \leq \rho(X, Y) \leq 1$.

Comme le coefficient de variation, les écarts-réduits, le coefficient de corrélation est un nombre adimensionnel. Ceci implique l'invariance du coefficient de corrélation relativement à toutes transformations affines des caractères. Si nous interprétons les coefficients calculés dans les deux exemples ci-dessus, une corrélation de 0.029 indique que le nuage de points correspondant ne présente aucune direction d'allongement privilégiée. L'examen du graphique de IV.C.1. montre, en effet, que le nuage est presque circulaire. Par contre, le second exemple révèle que la variation d'un caractère implique une covariation systématique de l'autre. Comme cette covariation correspond à une fonction croissante, il est normal d'observer un coefficient de corrélation positif et assez proche de l'unité.

C.4. Régression affine

Un des objectifs de l'activité scientifique est la construction de modèles explicatifs. Notre but n'est pas d'exposer ici la théorie des modèles car ce domaine d'étude dépasse largement le cadre de la statistique.

Les modèles statistiques sont fréquemment classés en fonction de l'objectif poursuivi. On parlera de modèles descriptifs, prédictifs et explicatifs. Cette subdivision n'est cependant pas sans poser des problèmes. Il est souvent délicat, par exemple, de départager la description de l'explication. Comme l'écrit R. THOM (1974): «La loi classique de la gravitation de Newton $F = kmm'/r^2$ est-elle une description ou une explication? A priori, on pourrait n'y voir qu'une simple description, puisque ... elle ne fournit aucune explication, aucun modèle, sur l'origine de la force d'attraction entre deux corps ... La loi newtonienne fournit, en effet, sinon une explication, du moins une simplification de la description considérable; par déduction mathématique à partir de cette loi, on peut se rendre compte du mouvement des corps célestes, et de la pesanteur sur terre» (p. 19–20). On voit donc que fréquemment description, explication et prédiction sont étroitement associées.

Une autre caractéristique des modèles statistiques de dépendance est que les grandeurs mesurables sont liées par des équations fonctionnelles telles que des relations causales ne peuvent être mises en évidence.

Exemple:

Entre 1924 et 1937, le nombre de récepteurs de radio en service a augmenté régulièrement d'année en année. Au cours de la même période, le nombre de maladies mentales déclarées, exprimé en pour-mille, a augmenté tout aussi régulièrement. Le calcul du coefficient de corrélation fournit une valeur de 0,90 entre les deux séries. Induire de ce résultat que l'écoute des programmes de radio altère la santé mentale des auditeurs prêterait à rire. Et pourtant, on trouve dans bien des recherches des interprétations tout aussi fantaisistes des mesures de corrélation.

Dans le cas de deux caractères quantitatifs X et Y, le modèle de régression affine s'exprimera sous la forme:

$$Y = a + bX + \varepsilon$$

La partie de Y exprimée par $a + bX$ est dite régression affine sur X et sera notée $\hat{Y}$.

On peut donc écrire $Y = \hat{Y} + \varepsilon$

Dans ces conditions X est le *prédicteur* et Y le *critère*, ou encore X est la variable indépendante et Y la variable dépendante.

Il est clair que l'on peut effectuer la même démarche en définissant Y comme prédicteur et X comme critère. L'équation s'écrira dans ce cas

$$X = a + bY + \varepsilon$$

Pour simplifier l'exposé, nous n'envisagerons que le premier cas. Les résultats du second cas s'obtiendront facilement en modifiant correctement les symboles.

La partie $\varepsilon = Y - \hat{Y}$ est la partie de Y non expliquée par l'ajustement linéaire. Elle porte le nom de ***résidu***. Ce résidu sera plus ou moins important selon la qualité de l'ajustement que l'on aura réalisé. Si les deux caractères sont fonction affine l'un de l'autre, les points du nuage se répartissent exactement sur une droite. Dans ce cas idéal, $Y = \hat{Y}$ et $\varepsilon = 0$. Le résidu ε est une variable inobservable produite par le modèle lui-même. Il s'agit d'une erreur de prédiction et il est facilement admissible que les erreurs se compensent de telle façon que $m(\varepsilon) = 0$.

De $Y = \hat{Y} + \varepsilon$ on peut tirer que $m(Y) = m(\hat{Y}) + m(\varepsilon)$ et si l'on pose $m(\varepsilon) = 0$, il vient que $m(Y) = m(\hat{Y})$. *La moyenne du critère coïncide avec celle de la prédiction.*

De là nous pouvons tirer les valeurs a et b de l'équation de régression affine:

$$\begin{aligned} Y &= a + bX + \varepsilon \\ Y &= \hat{Y} + \varepsilon \\ m(Y) &= a + b\, m(X) \end{aligned}$$

en soustrayant cette dernière expression de l'équation de régression affine, on obtient:

$$Y - m(Y) = b\,(X - m(X)) + \varepsilon$$

de là, il vient que:

$$a = m(Y) - b\, m(X)$$

Il reste donc à déterminer b, le *coefficient de régression*. Il serait souhaitable d'exprimer ce coefficient en terme des paramètres des caractères X et Y et de leur distribution conjointe: à savoir les moyennes respectives $m(X)$ et $m(Y)$, les écarts-types respectifs $S(X)$ et $S(Y)$ et la covariance $\mathrm{cov}(X,Y)$. Pour ce faire, il reste à imposer une condition supplémentaire relative à la covariance du prédicteur avec le résidu. Comme ε est sans liaison linéaire avec X, il est naturel d'écrire $\mathrm{cov}(\hat{X},\varepsilon) = 0$. En effet, si tel n'était pas le cas, cette covariation appartiendrait à $\hat{Y}$. Dès lors, de $Y = a + b\,(X) + \varepsilon$, on obtient en prenant la covariance avec le prédicteur pour chaque membre de l'égalité:

$$\text{cov}(X,Y) = b\,\text{cov}(X,X) + \text{cov}(\varepsilon,X)$$
$$= b\,S^2(X)$$

et enfin:

$$b = \frac{\text{cov}\ (X,Y)}{S^2\ (X)}$$

Finalement:

$$\hat{Y} = m\ (Y) + \frac{\text{cov}\ (X, Y)}{S^2\ (X)}\ (X - m\ (X))$$

Il est important de noter que $\hat{Y}$ est un caractère quantitatif tout comme X et Y. Pour toute valeur $x_i \in X$, il est possible de calculer une valeur $\hat{y}_i \in \hat{Y}$. $\hat{Y}$ étant un caractère quantitatif, on peut en calculer la moyenne et la variance.

Nous savons déjà que $m\,(\hat{Y}) = m\,(Y)$.

Quant à la variance, on peut écrire que

$$Y = \hat{Y} + \varepsilon$$

$$\text{var}\,(Y) = \text{var}\,(\hat{Y} + \varepsilon) = \text{cov}\,(\hat{Y} + \varepsilon, \hat{Y} + \varepsilon) = \text{cov}\,(\hat{Y} + \varepsilon, \hat{Y})$$

$$+ \text{cov}\,(\hat{Y} + \varepsilon, \varepsilon) = (\text{cov}\ \hat{Y}, \hat{Y}) + \text{cov}\,(\varepsilon, \hat{Y}) + \text{cov}\,(\hat{Y}, \varepsilon) + \text{cov}\,(\varepsilon, \varepsilon)$$

$$= \text{cov}\,(\hat{Y}, \hat{Y}) + \text{cov}\,(\varepsilon, \varepsilon).$$

Enfin:

$$\boxed{\text{var}\,(Y) = \text{var}\,(\hat{Y}) + \text{var}\,(\varepsilon)}$$

La variance du critère se décompose en la somme de la variance de la prédiction et de la variance du résidu.

Il est donc possible de construire le rapport

$$\frac{\text{var}\ (\hat{Y})}{\text{var}\ (Y)}$$

qui peut aussi s'écrire

$$\frac{(\text{cov}\ (X, Y))^2}{s_X^2\ s_Y^2} = \left(\frac{\text{cov}\ (X, Y)}{s_X\ s_Y}\right)^2 = \rho^2$$

Cette quantité, carré du coefficient de corrélation linéaire, est le *coefficient de détermination*. Elle exprime la part de variance du critère prise en compte par la prédiction.

Comme

$$0 \leq \text{var}(\hat{Y}) \leq \text{var}(Y)$$

on obtiendra en divisant chaque terme par var (Y):

$$0 \leq \rho^2 \leq 1$$

Exemples:

1. En reprenant les données de l'exemple 1 de IV.C.1. nous pouvons calculer les valeurs a et b des droites de régression et les tracer sur le graphique.

   Nous connaissons déjà les valeurs suivantes:

   $m(X) = 43.93$ $\quad m(Y) = 14.83$
   $S(X) = 5.46$ $\quad S(Y) = 3.51$
   $\text{cov}(X,Y) = 0.548$

   Le coefficient de régression $b = \dfrac{0.548}{29.81} = 0.018$ et

   l'ordonnée à l'origine $a = 14.83 - 0.018(43.93) = 14.04$

   Il vient finalement: $\hat{Y} = 14.04 + 0.018\,X$

   Quant à la régression sur Y, on calculera

   $b = \dfrac{0.548}{12.32} = 0.044$ et $a = 43.93 - 0.044\ (14.83) = 43.27$

   ce qui nous donnera $\hat{Y} = 43.27 + 0.044\,Y$

   Comme la moyenne du critère coïncide avec celle de la prédiction $m(Y) = m(\hat{Y})$ et $m(X) = m(\hat{X})$, on en conclut que les droites de régression se coupent au point d'intersection des moyennes $(m(X), m(Y))$. Dès lors il suffit de calculer un autre point pour tirer la droite de régression. On obtiendra les droites suivantes sur le graphique en choisissant, par exemple, de fixer $X = 36$ ce qui donne une valeur de $\hat{Y} = 14.04 + 0.018\,(36) = 13.39$ et en fixant $Y = 9$ on obtiendra $\hat{X} = 43.27 + 0.044\,(9) = 42.87$.

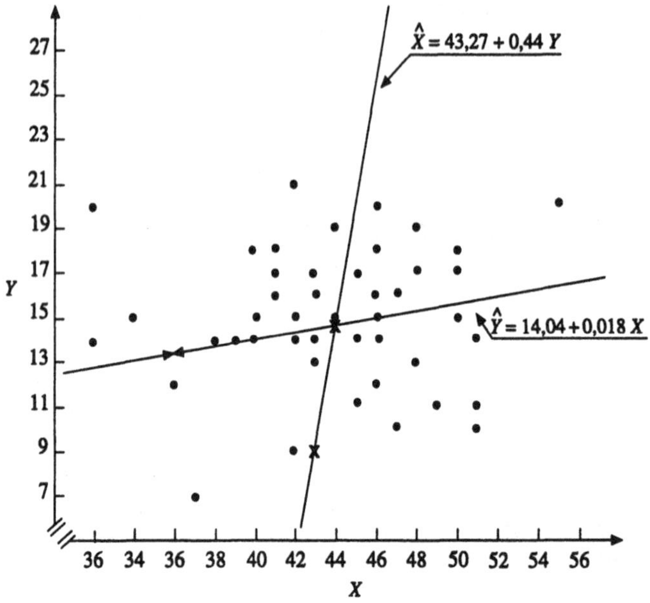

2. Réalisons la même opération pour l'exemple 2. de IV.C.1.

A partir de:

$m(X) = 13.65 \quad m(Y) = 10.23$

$S(X) = 3.63 \quad S(Y) = 2.57$

$\text{cov}(X,Y) = 7.61$

il vient:

$$b = \frac{7.61}{13.18} = 0.58$$

$$a = 10.23 - 0.58\ (13.65) = 2.35$$

et

$$\hat{Y} = 2.35 + 0.58\,X$$

Semblablement pour la régression sur *Y*:

$$b = \frac{7.61}{6.60} = 1.15$$

$$a = 13.65 - 1.15\ (10.23) = 1.85$$

et

$$\hat{Y} = 1.85 + 1.15\,Y$$

En fixant $X = 9$, on obtient $\hat{Y} = 7{,}57$ ce qui nous donne une des droites de régression et en fixant $Y = 6$ il vient $\hat{X} = 8.75$ ce qui nous permet de définir la seconde droite de régression.

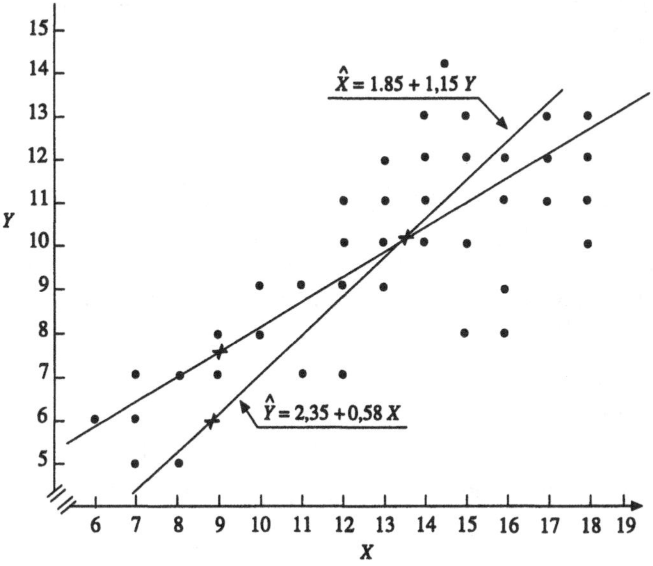

D. Modèle général de régression

Dans bien des cas, le recours au modèle de régression affine n'est pas justifié. Par exemple, les variations d'une performance en fonction de l'âge s'apparentent parfois à une courbe en ∪ ou en ∩. Dans d'autres circonstances, seul le critère est mesuré par une échelle quantitative alors que le prédicteur est simplement de niveau nominal. Dans cette dernière situation, le modèle de régression affine est également inapplicable.

Exemples:

1. Spence (1958) étudie la relation entre une tâche particulière d'apprentissage et un trait ou un état d'anxiété. La performance est relativement faible pour les sujets à haut ou à bas niveau d'anxiété et relativement bonne au niveau intermédiaire. La forme de la régression observée entre les deux caractères est nettement curvilinéaire.

2. Certaines expériences étudient la relation entre une performance à une certaine tâche et diverses modalités de consigne. Le caractère «Consigne» étant le plus souvent nominal, le modèle de régression affine est inutilisable.

D.1. Moyennes conditionnelles

Pour deux caractères quantitatifs *X* et *Y*, on appelle moyenne de *Y* conditionnelle à x_i que l'on note $m\ (Y \mid x_i)$, la moyenne du caractère *Y* calculée pour les seuls individus qui portent le ième attribut du caractère *X*. Semblablement, $m\ (X \mid y_j)$ sera la moyenne du caractère *X* pour les individus porteurs du jième attribut de *Y*.

Exemple:

C.-A. Hauert (1977) étudie la préhension des objets chez l'enfant. Dans une expérience de soulèvement d'objet, on mesure pour un groupe de 33 enfants de 4.5 ans à 6 ans l'amplitude du mouvement (en cm) ainsi que la durée d'élévation (en msec). Les données ont été regroupées en classes pour les deux séries de mesures. Chaque classe sera identifiée à sa valeur centrale pour l'ensemble des calculs.

Le tableau des résultats se présente comme suit

Y \ X	20	23	26	29	32	35	38	41	44	$n_{i.}$
1 474.5	1		1		1					3
2 624.5	1	1		3		1			1	7
3 774.5	1	1		1						3
4 924.5		1		2	1				2	6
5 1074.5				2		1	1	1		5
6 1224.5									1	1
7 1374.5			3					1		4
8 1524.5				1		1				2
9 1674.5									2	2
$n_{.j}$	3	3	4	9	2	3	1	2	6	33

Le calcul des moyennes conditionnelles peut se faire facilement à partir de ce tableau. Il est possible de calculer autant de $m\ (X \mid y_j)$ que le caractère *Y* comprend d'attributs, à savoir 9 dans notre exemple.

$$m(X|y_1) = \frac{1\times 20+1\times 26+1\times 32}{3} = 26$$

$$m(X|y_2) = \frac{1\times 20+1\times 23+3\times 29+1\times 35+1\times 44}{7} = 29.86$$

$$m(X|y_3) = \frac{1\times 20+1\times 23+1\times 29}{3} = 24$$

$$m(X|y_4) = \frac{1\times 23+2\times 29+1\times 32+2\times 44}{6} = 33.50$$

$$m(X|y_5) = \frac{2\times 29+1\times 35+1\times 38+1\times 41}{5} = 34.40$$

$$m(X|y_6) = 1\times 44 = 44$$

$$m(X|y_7) = \frac{3\times 26+1\times 41}{4} = 29.75$$

$$m(X|y_8) = \frac{1\times 29+1\times 35}{2} = 32$$

$$m(X|y_9) = \frac{2\times 44}{2} = 44$$

Semblablement, on peut obtenir les neuf valeurs des $m(Y|x_i)$.

$m(Y|x_1) = 624.5$	$m(Y|x_6) = 1074.5$
$m(Y|x_2) = 774.5$	$m(Y|x_7) = 1074.5$
$m(Y|x_3) = 1149.5$	$m(Y|x_8) = 1224.5$
$m(Y|x_4) = 907.83$	$m(Y|x_9) = 1174.5$
$m(Y|x_5) = 699.5$	

D.2. Notion de régression générale

On appelle régression générale, l'application qui à chaque attribut d'un caractère fait correspondre la moyenne conditionnelle de l'autre caractère liée à cet attribut. Ainsi, la régression de Y en X associe à chaque x_i la quantité $m(Y|x_i)$ et la régression de X en Y associe à chaque y_j la valeur $m(X|y_j)$.

Il est important de noter que les quantités $m(Y|x_i)$ de même que les quantités $m(X|y_j)$ constituent des caractères quantitatifs qu'il est possible de décrire par les indices usuels (moyenne et variance). Ces caractères portent le nom de *prédiction* dans le modèle de régression. Dans les quelques développements suivants nous nous restreindrons à la régression de Y en X. En modifiant correctement les indices, les mêmes propriétés se vérifient évidemment pour la régression de X en Y.

Nous étudierons donc la régression qui à chaque x_i associe $m\,(Y\,|\,x_i)$ que nous noterons $\tilde{Y}$, prédiction de Y à partir de X. Quand $\tilde{Y}$ coïncide avec le caractère Y, la prédiction est parfaite. Il existe alors une dépendance fonctionnelle stricte entre X et Y. Il convient, pour les autres cas, de définir une mesure de la précision de la prédiction mais avant quelques propriétés importantes sont à établir.

1. *La moyenne de la prédiction coïncide avec la moyenne du caractère prédit.*

   Si $m\,(\tilde{Y}) = \frac{1}{N} \sum_i n_{i\cdot}\; m\;(Y|x_i)$, alors $m\;(\tilde{Y}) = m\;(Y)$.

$$m\,(\tilde{Y}) = \frac{1}{N} \sum_i n_{i.}\; m\;(Y|x_i) = \frac{1}{N} \sum_{i.} n_{i.} \left(\sum_j y_j\; p(y_j|x_i)\right) =$$

$$= \sum_j y_j \left(\frac{1}{N} \sum_i n_{i.}\; p\;(y_j|x_i)\right) =$$

$$= \sum_j y_j \left(\frac{1}{N} \sum_i n_{ij}\right) = \frac{1}{N} \sum_j y_j\; n_{.j} = m(Y)$$

2. *Le caractère Y est décomposable en deux parties: sa prédiction à partir de X et la partie résiduelle.*

   On écrira formellement $Y = \tilde{Y} + (Y - \tilde{Y})$. Nous avons dit que Y était un caractère quantitatif, il en est de même pour le résidu $(Y - \tilde{Y})$. Qu'en est-il des moyennes et variances de la prédiction et du résidu?

3. *La moyenne du résidu est nulle.*

   En effet, comme la moyenne de la prédiction est identique à celle du caractère prédit, on peut écrire $m\,(Y - \tilde{Y}) = m\,(Y) - m\,(\tilde{Y}) = 0$ car la moyenne d'une différence est la différence des moyennes.

4. *La variance de Y est la somme de la variance de la prédiction et de la variance du résidu.*

   $\text{var}\,(Y) = \text{var}\,(\tilde{Y}) + \text{var}\,(Y - \tilde{Y})$

   En considérant le caractère centré $Y - m(Y)$, on peut écrire:

   $Y - m(Y) = (Y - \tilde{Y}) + (\tilde{Y} - m(Y))$

En élevant au carré, on obtient:

$$(Y - m(Y))^2 = (Y - \tilde{Y})^2 + (\tilde{Y} - m(Y))^2 + 2\,(Y - \tilde{Y})\,(\tilde{Y} - m(Y))$$

Si on prend la moyenne de ces carrés, le nombre de gauche de l'égalité est la variance de Y, le premier terme à droite est la variance du résidu et le second est la variance de la prédiction. Il suffit donc pour la démonstration de vérifier la nullité du double produit. En prenant la moyenne, il apparaît que le second facteur du double produit est une somme d'écarts à la moyenne qui est nulle par définition donc le double produit est bien nul.

Ces résultats sont d'une importance considérable. La possibilité de décomposer la variance en deux sources de variation, l'une due à la prédiction de la variation d'un caractère et l'autre résiduelle, est à l'origine de deux familles de modèles statistiques parmi les plus importants.

La première famille rassemble les modèles d'analyse de variance, la seconde les modèles de régression. Bien qu'ils soient souvent décrits en des chapitres distincts, ils présentent néanmoins une origine et des relations très étroites.

D.3. Rapport de corrélation

Nous avons signalé en IV.D.2. que lorsque la prédiction est parfaite, on obtient l'égalité $Y = \tilde{Y}$. Dans ce même cas, var $(\tilde{Y})$ = var (Y). Ce résultat signifie que la prédiction de Y à partir de X suffit à décrire complètement la variance de Y lui-même. Les deux quantités, var $(\tilde{Y})$ et var (Y), seront d'autant plus proches que la prédiction sera meilleure. Une mesure de la qualité de la prédiction est fournie par le rapport de corrélation, symbolisé par η^2_{YX} ou η^2_{XY} selon le sens de la prédiction, qui s'exprime sous la forme:

$$\eta^2_{YX} = \frac{\text{var }(\tilde{Y})}{\text{var }(Y)} \quad \text{ou} \quad \eta^2_{XY} = \frac{\text{var }(\tilde{X})}{\text{var }(X)}$$

Exemple:

Reprenons les données de l'exemple de IV.D.1. pour lequel nous avons déjà calculé les moyennes conditionnelles qui constituent donc la prédiction.

Calculons tout d'abord les moyennes et variances des caractères X et Y. Nous obtenons:

$m\,(X)$ = 31.727 var (X) = 60.198
$m\,(Y)$ = 974.5 var (Y) = 123636.364

Procédons de façon identique pour les deux prédictions $\tilde{X}$ et $\tilde{Y}$. On obtient:

$m(\tilde{X}) = 31.727$ var $(\tilde{X}) = 24.975$

$m(\tilde{Y}) = 974.5$ var $(\tilde{X}) = 36553.152$

Nous vérifions bien les égalités des moyennes des prédictions avec les caractères prédits. Il nous reste alors à construire les rapports de corrélation:

$$\eta^2_{YX} = \frac{36553.152}{123636.364} \text{ et } \eta^2_{XY} \frac{24.975}{60.198}$$

ce qui donne les valeurs:

$$\eta^2_{YX} = 0.296 \text{ et } \eta^2_{XY} = 0.415$$

Une première constatation s'impose: contrairement au coefficient de corrélation linéaire, le rapport de corrélation n'est pas un indice symétrique.

Dans les termes mêmes de la recherche, les résultats s'interpréteraient en disant que la durée d'élévation est un meilleur prédicteur de l'amplitude du mouvement que ne l'est l'amplitude pour la durée d'élévation. Ou encore que la connaissance de la variation de la durée d'élévation nous informe davantage sur la variation de l'amplitude du mouvement que la connaissance de la variation de l'amplitude ne nous informe sur la variation de la durée d'élévation.

Sur le plan du calcul, les variances de la prédiction et du caractère prédit s'obtiennent par les

$$\text{Var } (\tilde{Y}) = \frac{1}{N} \sum_i n_{i.} \ (m(Y|x_i))^2 - (m(Y))^2$$

$$\text{Var } (Y) = \frac{1}{N} \sum_j n_{.j} \ y_j^2 - (m(Y))^2$$

D.4. Propriétés et interprétation de η^2

Lorsque la variance de la prédiction coïncide avec la variance du caractère prédit, cette prédiction est parfaite et le rapport de corrélation vaut l'unité. A l'opposé, la nullité de la variance de la prédiction entraîne la nullité du rapport de corrélation. En effet, la variance de $\tilde{Y}$, étant une somme de carrés, est nécessairement positive ou nulle; de plus, elle peut être au maximum égale à var (Y).

Donc:

$0 \leq \text{var}(\tilde{Y}) \leq \text{var}(Y)$

En divisant chaque terme de l'inégalité par var (Y), il vient:

$0 \leq \eta^2_{YX} \leq 1$

Ces inégalités entraînent les conséquences suivantes:

1. La nullité de var $(\tilde{Y})$ implique l'égalité des moyennes conditionnelles $m(Y | x_i)$. Quel que soit donc l'attribut x_i la valeur prédite de Y est toujours la même. Donc une variation au niveau du caractère X ne procure aucune information quant à la variation du caractère Y.
2. Deux caractères indépendants ont un rapport de corrélation égal à 0.
3. Si $\eta^2_{XY} = 1$, il s'ensuit que la variance de la prédiction est égale à celle du caractère prédit. Par conséquence, la variance résiduelle est nulle:

   $\eta^2_{XY} = 1 \rightarrow \text{var}\ (\tilde{Y}) = \text{var}\ (Y) \rightarrow \text{var}\ (Y - \tilde{Y}) = 0$
4. $\eta^2_{YX} = 1$ si et seulement si Y est fonction de X. Il convient cependant de préciser que la forme de cette dépendance fonctionnelle est inconnue.
5. On peut également exprimer que

   $\text{var}\ (\tilde{Y}) = \eta^2_{YX}\ \text{var}\ (Y)$ et que

   $\text{var}\ (Y - \tilde{Y}) = (1 - \eta^2_{YX})\ \text{var}\ (Y)$

Tous ces résultats sont également transposables au cas où l'on étudie la régression de X en Y.

Notons enfin, comme nous l'avons constaté dans l'exemple, que:

$\eta^2_{YX} \neq \eta^2_{XY}$

Nous avons signalé en IV.D. que le modèle général de régression pouvait également s'appliquer au cas où l'un des deux caractères était une échelle nominale. Dans cette situation, il est possible de calculer η^2_{YX} si Y est une variable mesurable et X un caractère nominal.

Exemple:

Dans une recherche sur la perception des densités numériques, chaque sujet d'un groupe de 60 individus doit évaluer le nombre de points apparaissant sur un écran. On enregistre, pour chaque essai, le temps de réponse exprimé en millisecondes. Le chercheur s'intéresse à l'influence de trois conditions de passation (20 sujets par condition répartis aléatoirement)

A. La consigne insiste sur la vitesse de réponse.

B. La consigne précise préalablement à quel intervalle appartient le nombre de points (0 – 5, 5 – 10, 10 – 20).

C. La consigne insiste sur l'exactitude de la réponse.

La variable indépendante ou prédicteur est ici le mode de consigne. Ce caractère comporte 3 attributs (les consignes *A*, *B* et *C*) et il constitue une échelle nominale. La variable dépendante ou critère est le temps moyen de réponse. La question qui se pose est de savoir quelle relation existe entre mode de consigne et temps de réponse ou encore quel degré de prédiction du temps de réponse (en % de variance) est-on à même d'atteindre si l'on sait à quelle consigne a été soumis le sujet. Le temps moyen de réponse est réparti en 4 classes. Les valeurs de la variable *Y* sont les points-milieu des intervalles.

$X \backslash Y$	700	900	1100	1300	$n_{i.}$	$m(Y \mid x_i)$
A	5	14	1	0	20	860
B	1	8	10	1	20	1010
C	0	2	6	12	20	1200
$n_{.j}$	6	24	17	13	60	

La moyenne de *Y* et de la prédiction $\tilde{Y}$ est de 1023.33 msec. La prédiction $\tilde{Y}$ est constituée des trois valeurs $m(Y \mid x_i)$. On calcule alors

$$\text{var}(Y) = 34795.71$$

$$\text{var}(\tilde{Y}) = 19362.38$$

On obtiendra ensuite $\eta^2_{YX} = \dfrac{19362.38}{34795.71} = 0.56$

La connaissance de la consigne permet donc de prédire 56% de la variance du temps de réponse.

Cinquième chapitre

Description statistique multivariée

La dénomination «statistique multivariée» se réfère à un ensemble de méthodes s'appliquant à la situation dans laquelle chaque individu est simultanément caractérisé par plusieurs variables. Il s'agit donc d'une généralisation des concepts et méthodes de la statistique bivariée.

Nous nous limiterons dans cette dernière partie à discuter quelques problèmes généraux de terminologie et de représentation et nous présenterons les notions de corrélation partielle et multiple. (Nous restreindrons les notions aux seules variables quantitatives.)

1. Terminologie

On dispose d'un ensemble d'individus E. Chaque individu porte un attribut de plusieurs caractères quantitatifs. Les applications de E vers R notées g_1, g_2, ..., g_k associent k mesures aux éléments de E.

Nous avons vu dans la partie consacrée à la statistique bivariée qu'il était possible de construire les matrices de recensement et de distribution associées au caractère double. Quand on est en présence de k caractères quantitatifs cette représentation devient impossible car les individus s'inscrivent dans un espace à k dimensions que nous ne pouvons visualiser. Il est donc nécessaire de changer de représentation.

L'outil mathématique le plus approprié se trouve être le calcul matriciel. Il est possible avec cet outil d'opérer directement sur des tableaux de nombres. Il apparaît donc indispensable de donner les définitions et principes opératoires élémentaires du calcul matriciel avant d'aller plus loin. De plus nous limiterons nos exemples au cas de trois variables pour ne pas compliquer les calculs très vite volumineux.

2. Quelques éléments de calcul matriciel

Une matrice se compose de l lignes et de c colonnes. Enoncer le nombre de lignes et de colonnes revient à indiquer l'*ordre* de la matrice. L'ordre est une notion importante car il limite les opérations algébriques admissibles sur les matrices.

2.a. Notation et ordre d'une matrice

Les matrices sont généralement symbolisées par des lettres majuscules. Un élément sera symbolisé par la lettre minuscule correspondante dont les indices précisent la ligne et la colonne. Soit la matrice A suivante:

$$A = \begin{vmatrix} 2 & -1 & 3 \\ 4 & 2 & 5 \end{vmatrix}$$

Cette matrice est d'ordre 2 × 3. L'élément a_{13}, par exemple, est le nombre 3.

Certaines matrices ne comportent qu'une ligne ou qu'une colonne, on les appelle *vecteur ligne* ou *vecteur colonne*. Une matrice d'ordre 1 × 1 est un *scalaire*.

2.b. Egalité de deux matrices

Une matrice A et une matrice B seront égales si $a_{ij} = b_{ij}$ quels que soient i et j.

2.c. Addition et soustraction matricielle

Ces opérations ne sont définies que sur des matrices de même ordre. On obtient la somme (ou différence) en additionnant (ou en soustrayant) les termes homologues.

$$A = \begin{vmatrix} a_{11} & a_{12} & a_{13} \\ a_{21} & a_{22} & a_{23} \end{vmatrix} = B \begin{vmatrix} b_{11} & b_{12} & b_{13} \\ b_{21} & b_{22} & b_{23} \end{vmatrix}$$

$$A + B = \begin{vmatrix} a_{11} + b_{11} & a_{12} + b_{12} & a_{13} + b_{13} \\ a_{21} + b_{21} & a_{22} + b_{22} & a_{23} + b_{23} \end{vmatrix}$$

$$Si \ A = \begin{vmatrix} 2 & -1 & 3 \\ 4 & -5 & -2 \end{vmatrix} \text{ et } B = \begin{vmatrix} 4 & 2 & 0 \\ 3 & -1 & 2 \end{vmatrix}$$

alors $A + B = \begin{vmatrix} 6 & 1 & 3 \\ 6 & -6 & 0 \end{vmatrix}$

Pour des matrices de même ordre, l'addition est commutative et associative. Pour A, B et C de même ordre, on aura:

$$A + B = B + A$$

$$(A + B) + C = A + (B + C)$$

2.d. Produit matriciel

– Multiplication d'une matrice par un scalaire

Soient une matrice A et un scalaire α, le produit $\alpha \cdot A$ s'obtient en multipliant chaque terme a_{ij} par le scalaire α.

$$\alpha \cdot A = \begin{vmatrix} \alpha a_{11} & \alpha a_{12} \\ \alpha a_{21} & \alpha a_{22} \\ \alpha a_{31} & \alpha a_{32} \end{vmatrix}$$

Exemple: Si $\alpha = -2$ et $A = \begin{vmatrix} -1 & 2 \\ 3 & 1 \\ 4 & -5 \end{vmatrix}$

$$\alpha \cdot A = \begin{vmatrix} 2 & -4 \\ -6 & -2 \\ -8 & 10 \end{vmatrix}$$

– Produit d'un vecteur ligne par un vecteur colonne

Ce produit n'est défini que si les colonnes du vecteur ligne sont en nombre égal aux lignes du vecteur colonne. Ce produit est un scalaire.

$$\begin{vmatrix} a_{11} & a_{12} & a_{13} \end{vmatrix} \begin{vmatrix} b_{11} \\ b_{21} \\ b_{31} \end{vmatrix} = a_{11} \; b_{11} + a_{12} \; b_{21} + a_{13} \; b_{31}$$

Exemple:

$$\begin{vmatrix} 1 & 4 & 2 \end{vmatrix} \begin{vmatrix} -1 \\ 3 \\ 5 \end{vmatrix} = -1 + 12 + 10 = 21$$

– *Produit de deux matrices*

Il s'agit d'une généralisation de l'opération précédente. Le produit matriciel n'est possible que si le nombre de colonnes de la matrice de gauche est égal au nombre de lignes de la matrice de droite.

Le nombre s'obtient en multipliant successivement chaque vecteur ligne de la matrice de gauche par les colonnes successives de la matrice de droite. On forme ainsi la matrice produit ligne par ligne.

Exemple:

$$\begin{vmatrix} 2 & 1 \\ 4 & 2 \end{vmatrix} \begin{vmatrix} 3 & 1 & 4 \\ 2 & 0 & 1 \end{vmatrix} = \begin{vmatrix} |2\ 1| \begin{vmatrix} 3 \\ 2 \end{vmatrix} & |2\ 1| \begin{vmatrix} 1 \\ 0 \end{vmatrix} & |2\ 1| \begin{vmatrix} 4 \\ 1 \end{vmatrix} \\ |4\ 2| \begin{vmatrix} 3 \\ 2 \end{vmatrix} & |4\ 2| \begin{vmatrix} 1 \\ 0 \end{vmatrix} & |4\ 2| \begin{vmatrix} 4 \\ 1 \end{vmatrix} \end{vmatrix} = \begin{vmatrix} 8 & 2 & 9 \\ 16 & 4 & 18 \end{vmatrix}$$

On notera que le produit matriciel n'est pas commutatif.

2.e. Types de matrice

Une matrice qui possède le même nombre de lignes et de colonnes est dite *carrée.*

La diagonale principale d'une matrice carrée $n \times n$ est celle qui contient les éléments $a_{11}, a_{22}, a_{33}, \ldots, a_{nn}$.

Une matrice carrée dont les éléments a_{ij} sont égaux aux éléments a_{ji} est une *matrice symétrique.* L'axe de symétrie est la diagonale principale.

Exemple:

$$A = \begin{vmatrix} 1 & 3 & 4 \\ 3 & 2 & 1 \\ 4 & 1 & 5 \end{vmatrix} \quad \text{est symétrique}$$

Une matrice carrée dont les éléments non-diagonaux sont nuls est une *matrice diagonale.*

Exemple

$$B = \begin{vmatrix} 1 & 0 & 0 & 0 \\ 0 & 3 & 0 & 0 \\ 0 & 0 & 5 & 0 \\ 0 & 0 & 0 & 6 \end{vmatrix} \text{ est diagonale}$$

Une matrice diagonale dont les éléments non-nuls sont tous égaux à 1 est la *matrice identité* ou *matrice unité*. On la note I.

La transposée de A, notée A', est obtenue en permutant les lignes et les colonnes de A.

$$Si\ A = \begin{vmatrix} 3 & 2 & 4 \\ 4 & -1 & 0 \end{vmatrix} \quad A' = \begin{vmatrix} 3 & 4 \\ 2 & -1 \\ 4 & 0 \end{vmatrix}$$

Les règles de transposition sont les suivantes:

$(A + B)' = A' + B'$

$(A')' = A$

$(AB)' = B'A'$

$A = A'$ si A est symétrique

Un vecteur colonne sera noté $\vec{a}$; un vecteur ligne par le signe de la transposition $\vec{a}'$.

L'inverse de A, noté A^{-1} est une matrice telle que $AA^{-1} = I$. Cette expression est analogue à $\alpha(\alpha^{-1}) = \alpha\ (\frac{1}{\alpha}) = 1$.

Nous nous limiterons, dans cette brève introduction, à signaler quelques propriétés de l'inverse des matrices carrées. L'inverse, s'il existe, d'une matrice carrée est unique. Pour les matrices carrées

$AA^{-1} = A^{-1}A = I.$

L'inverse d'une matrice diagonale est l'inverse des éléments diagonaux.

Exemple:

$$A = \begin{vmatrix} 2 & 0 & 0 \\ 0 & 3 & 0 \\ 0 & 0 & 4 \end{vmatrix} \quad A^{-1} = \begin{vmatrix} 1/2 & 0 & 0 \\ 0 & 1/3 & 0 \\ 0 & 0 & 1/4 \end{vmatrix}$$

Le calcul de l'inverse d'une matrice nécessite un grand nombre d'opérations qui sont habituellement exécutées sur ordinateur. Pour cette raison, nous n'en donnerons pas d'algorithme de calcul. Enfin, une matrice qui n'admet pas d'inverse est dite *singulière.*

3. Protocole multivarié

La matrice d'ordre $N \times k$, où N représente le nombre d'individus et k le nombre de variables est appelée protocole multivarié. Les éléments de cette matrice sont les mesures des différents individus sur les différentes variables. Il est également possible de donner une représentation géométrique de ce protocole multivarié. Chaque variable génère une dimension d'un espace k-dimensionnel. Les individus sont représentés dans cet espace par un point défini par les coordonnées (valeurs) de l'individu pour chacune des k variables. Cette représentation est une généralisation de celle que nous avons illustrée en IV.C.1.

4. Matrice de variances-covariances de *k* caractères

Il est possible d'associer au protocole multivarié le vecteur des k moyennes. L'obtention des variances de chaque caractère et des covariances entre paires de caractères peut se faire au moyen du calcul matriciel. Nous détaillerons cette procédure au moyen d'un exemple numérique fictif pour la simplicité des calculs.

Soit A une matrice $n \times k$ représentant le protocole multivarié.

On peut représenter par un vecteur $\vec{m}'$ les moyennes associées à chacune de ces variables.

On représentera par une matrice diagonale les variances (et écart-type) associées à chaque variable.

A =

	V_1	V_2	V_3	V_4
1	6	4	3	9
2	2	1	3	5
3	5	3	6	8
4	7	7	8	6
5	4	2	9	3

Le vecteur des moyennes s'écrira:

$\vec{m}'|4.8 \quad 5.8 \quad 6.2|$

La matrice des variances s'écrira:

	V_1	V_2	V_3	V_4
V_1	2.96	0	0	0
V_2	0	4.24	0	0
V_3	0	0	6.16	0
V_4	0	0	0	4.56

et la matrice des écarts-types:

	V_1	V_2	V_3	V_4
V_1	1.72	0	0	0
V_2	0	2.06	0	0
V_3	0	0	2.48	0
V_4	0	0	0	2.14

Construction de la matrice des variances-covariances: Σ

La covariance de deux caractères est donnée par:

$$\text{cov}\,(X,Y) = m\,(X,Y) - m\,(X)\,m\,(Y)$$

En écriture matricielle cela donne:

$$\frac{1}{N}\;A'A - \vec{m}\;\vec{m}'$$

où $A'A$ représente la matrice produit et $\vec{m}\;\vec{m}'$ représente la matrice d'éléments $m_i m_j$.

Dans notre exemple: $A'A =$

$$\begin{vmatrix} 6 & 2 & 5 & 7 & 4 \\ 4 & 1 & 3 & 7 & 2 \\ 3 & 3 & 6 & 8 & 9 \\ 9 & 5 & 8 & 6 & 3 \end{vmatrix} \begin{vmatrix} 6 & 4 & 3 & 9 \\ 2 & 1 & 3 & 5 \\ 5 & 3 & 6 & 8 \\ 7 & 7 & 8 & 6 \\ 4 & 2 & 9 & 3 \end{vmatrix} = \begin{vmatrix} 130 & 99 & 146 & 158 \\ 99 & 79 & 107 & 113 \\ 146 & 107 & 199 & 165 \\ 158 & 113 & 165 & 215 \end{vmatrix}$$

$$4 \times 5 \qquad\qquad 5 \times 4 \qquad\qquad 4 \times 4$$

La matrice $A'A$ porte généralement le nom de matrice de sommes de carrés et de produits. En effet, on trouve dans la diagonale principale les sommes des carrés des valeurs de chaque variable, les éléments non diagonaux étant les sommes des produits des valeurs des variables prises 2 à 2.

et $\vec{m}\ \vec{m}'$:

$$\begin{vmatrix} 4.8 \\ 3.4 \\ 5.8 \\ 6.2 \end{vmatrix} \begin{vmatrix} 4.8 & 3.4 & 5.8 & 6.2 \end{vmatrix} = \begin{vmatrix} 23.04 & 16.32 & 27.84 & 29.76 \\ 16.32 & 11.56 & 19.72 & 21.08 \\ 27.84 & 19.72 & 33.64 & 35.96 \\ 29.76 & 21.08 & 35.96 & 38.44 \end{vmatrix}$$

Dès lors: $\frac{1}{N}\ A'A\ - \vec{m}\ \vec{m}' =$

$$\begin{vmatrix} 26 & 19.8 & 29.2 & 31.6 \\ 19.8 & 15.8 & 21.4 & 22.6 \\ 29.2 & 21.4 & 39.8 & 33 \\ 31.6 & 22.6 & 33 & 43 \end{vmatrix} - \vec{m}\ \vec{m}' = \begin{vmatrix} 2.96 & 3.48 & 1.36 & 1.84 \\ 3.48 & 4.24 & 1.68 & 1.52 \\ 1.36 & 1.68 & 6.16 & -2.96 \\ 1.84 & 1.52 & -2.96 & 4.56 \end{vmatrix} = \Sigma$$

Les valeurs de la diagonale principale de la matrice Σ sont évidemment les mêmes que les valeurs de la matrice diagonale V calculée précédemment.

La matrice de corrélation de terme

$$\rho\ (X, Y) = \frac{\mathrm{cov}(X,Y)}{s_X\ s_Y}$$

s'écrira matriciellement:

$$R = \Delta^{-1}\left(\frac{1}{N}\ A'A\ -\ \vec{m}\ \vec{m}'\right)\ \Delta^{-1} = \Delta^{-1}\ \Sigma\Delta^{-1}$$

où Δ^{-1} est l'inverse de la matrice des écarts-types:

$$\underset{\Delta^{-1}}{\begin{vmatrix} \frac{1}{1.72} & 0 & 0 & 0 \\ 0 & \frac{1}{2.06} & 0 & 0 \\ 0 & 0 & \frac{1}{2.48} & 0 \\ 0 & 0 & 0 & \frac{1}{2.14} \end{vmatrix}} \underset{\Sigma}{\begin{vmatrix} 2.96 & 3.48 & 1.36 & 1.84 \\ 3.48 & 4.24 & 1.68 & 1.52 \\ 1.36 & 1.68 & 6.16 & -2.96 \\ 1.84 & 1.52 & -2.96 & 4.56 \end{vmatrix}} \underset{\Delta^{-1}}{\begin{vmatrix} \frac{1}{1.72} & 0 & 0 & 0 \\ 0 & \frac{1}{2.06} & 0 & 0 \\ 0 & 0 & \frac{1}{2.48} & 0 \\ 0 & 0 & 0 & \frac{1}{2.14} \end{vmatrix}}$$

ce qui donne:

$$R = \begin{vmatrix} 1 & 0.98 & 0.32 & 0.50 \\ 0.98 & 1 & 0.33 & 0.35 \\ 0.32 & 0.33 & 1 & -0.56 \\ 0.50 & 0.35 & -0.56 & 1 \end{vmatrix}$$

Il est possible d'abréger l'écriture en considérant directement les écarts-réduits:

$$\frac{x-m}{s} = z$$

La matrice Z sera:

$$\begin{vmatrix} 0.697 & 0.291 & -1.128 & 1.311 \\ -1.627 & -1.166 & -1.128 & -0.562 \\ 0.116 & -0.194 & 0.081 & 0.843 \\ 1.279 & 1.748 & 0.886 & -0.094 \\ -0.465 & -0.680 & 1.289 & -1.498 \end{vmatrix}$$

Dès lors $\frac{1}{N} Z' \; Z = R$

5. Méthode de régression multiple

Cette méthode est une généralisation du modèle de régression affine développé en IV.C.4. La généralisation portera uniquement sur le fait que nous envisagerons le cas de plusieurs prédicteurs et d'un seul critère.

Le modèle général s'écrira:

$$\hat{Y} = a + b_1 \; X_1 + b_2 \; X_2 + \ldots + b_k \; X_k + \varepsilon$$

où $\hat{Y}$ représente la prédiction du critère Y, $X_1, X_2, \ldots, X_k$ représentent les k prédicteurs et $b_1, b_2, \ldots, b_k$ les coefficients de ces mêmes prédicteurs.

En écriture matricielle, ce modèle deviendra:

$$\vec{\hat{Y}} = \vec{a} + X\,\vec{b} + \vec{\varepsilon}$$

où $\vec{\hat{Y}}$ représente le vecteur de la prédiction, $\vec{a}$ le terme constant, $\vec{b}$ le vecteur des coefficients, X la matrice des valeurs des k variables ou prédicteurs et $\vec{\varepsilon}$ le résidu.

Comme dans le modèle de régression affine pour deux variables, la moyenne de la prédiction est égale à la moyenne du caractère prédit $m(\hat{Y}) = m(Y)$.

Il s'ensuit que la moyenne du résidu sera nulle: $m(Y - \hat{X}) = m(Y) - m(\hat{Y}) = 0$. De même, l'estimation des coefficients de régression se fera de telle façon que la variance du résidu soit minimum.

Exemple:

Le programme du certificat propédeutique de Psychologie à l'Université de Genève se compose de neuf enseignements. Parmi ceux-ci, quatre font l'objet d'une évaluation par contrôle continu: Mathématique, Statistique, Logique et T.P. de psychologie expérimentale. Les autres disciplines (Introd. à la psycho., Psycho. de l'enfant, Pédag. générale, Psychopathologie et Anatomie et Physiologie du syst. nerveux) font l'objet d'un examen traditionnel. La question qui se pose est de savoir dans quelle mesure les notes dans les matières à contrôle continu constituent des prédicteurs de la moyenne des notes dans les matières à examen traditionnel. Pour un groupe de 20 étudiants (choisis au hasard) les mesures sont les suivantes:

Matrice X

	Math. X_1	Stat. X_2	Log. X_3	T.P. X_4	Moyenne/autres disciplines Y
1	4.5	4	5	4.5	4.40
2	5.5	4.5	5.5	5	4.70
3	4.5	3.5	4.5	4.5	4
4	5.5	4.5	5	5	4.10
5	6	5.5	5.5	4.5	4.70
6	5.5	4.5	5	5	4.90
7	4.5	2.5	3.5	4.5	4.10
8	4	3.5	4.5	3.5	4
9	5.5	4	4.5	4	4. 25
10	4.5	3	4	5	3.10
11	5.5	4	5	4	4.20
12	4	1.5	4	4.5	2.80
13	5	4.5	5.5	4	3.90
14	5.5	5	5.5	4	4.80
15	3.5	2	3.5	4	3.90
16	5	3	3.5	4	3.60
17	5	3	4.5	4.5	3.50
18	6	5	5.5	5	4.80
19	1	1	2.5	4	1.90
20	6	5.5	5.5	4.5	4

Cette matrice 20 × 6 constitue le protocole multivarié, point de départ de l'analyse.

La première étape va nous permettre d'exprimer les relations entre prédicteurs et la relation de chacun d'eux avec le critère. Nous suivrons la procédure exposée en V.4. pour obtenir la matrice des variances-covariances.

Le vecteur des moyennes $\vec{m}'$ s'obtient en sommant les colonnes de X et en divisant chaque total par 20.

$$\vec{m}' = \frac{1}{20} \, (96.5 \quad 74 \quad 90 \quad 88 \quad 79.65)$$

$$\vec{m}' = (4.83 \quad 3.70 \quad 4.5 \quad 4.4 \quad 3.98)$$

En multipliant la matrice X par sa transposée X', nous obtenons $X' X$, la matrice de sommes de carrés et de produits. Selon les règles du produit matriciel, cette matrice, sera d'ordre 5 × 5.

	X_1	X_2	X_3	X_4	Y
X_1	490.75	380.75	449.50	428.25	397.18
X_2	380.75	304.50	352.25	328.50	309.20
X_3	449.50	352.25	420.50	397	367.98
X_4	428.25	328.50	397	391	351.95
Y	397.18	309.20	367.98	351.95	327.64

En divisant par 20, on obtient $\frac{1}{N} X' X$, la matrice de la moyenne des carrés et des produits.

$\frac{1}{N} X'X =$

	X_1	X_2	X_3	X_4	Y
X^1	24.54	19.04	22.48	21.41	19.86
X_2	19.04	15.23	17.61	16.43	15.46
X_3	22.48	17.61	21.03	19.85	18.40
X_4	21.41	16.43	19.85	19.55	17.60
Y	19.86	15.46	18.40	17.60	16.38

Il faut maintenant calculer le produit $\vec{m}\ \vec{m}'$ que nous devons soustraire de

$$\frac{1}{N} X' X.$$

$\vec{m}\ \vec{m}' =$

	X_1	X_2	X_3	X_4	Y
X_1	23.33	17.87	21.74	21.25	19.22
X_2	17.87	13.69	16.65	16.28	14.73
X_3	21.74	16.65	20.25	19.80	17.91
X_4	21.25	16.28	19.80	19.36	17.51
Y	19.22	14.73	17.91	17.51	15.84

Là différence $\frac{1}{N} X' X - \vec{m}\,\vec{m}'$ sera dès lors la matrice des variances-covariances Σ:

$\Sigma =$

	X_1	X_2	X_3	X_4	Y
X_1	1.21	1.17	0.74	0.16	0.64
X_2	1.17	1.54	0.96	0.15	0.73
X_3	0.74	0.96	0.78	0.05	0.49
X_4	0.16	0.15	0.05	0.19	0.09
Y	0.64	0.73	0.49	0.09	0.54

La diagonale principale de Σ contient les variances des prédictions X_1, X_2, X_3, X_4 et la variance du critère Y.

On obtient la matrice diagonale des écarts-types, Δ, en prenant la racine des variances.

$\Delta =$

	X_1	X_2	X_3	X_4	Y
X_1	1.10	0	0	0	0
X_2	0	1.24	0	0	0
X_3	0	0	0.88	0	0
X_4	0	0	0	0.44	0
Y	0	0	0	0	0.73

En pré- et post-multipliant la matrice Σ par Δ^{-1}, on obtient R la matrice des corrélations:

$R =$

	X_1	X_2	X_3	X_4	Y
X_1	1.00	0.86	0.76	0.33	0.80
X_2	0.86	1.00	0.88	0.27	0.81
X_3	0.76	0.88	1.00	0.13	0.76
X_4	0.33	0.27	0.13	1.00	0.28
Y	0.80	0.81	0.76	0.28	1.00

5.a. Détermination des coefficients de régression

Reprenons l'équation fondamentale du modèle:

$$\vec{Y} = \vec{a} + X\,\vec{b} + \vec{\varepsilon}$$

Il s'agit donc d'exprimer $\vec{b}$, le vecteur des coefficients de régression, et $\vec{a}$, le terme constant, de façon à minimiser le carré du résidu ε^2. Ce résidu peut également s'exprimer comme

$$\sum (Y_i - \hat{Y}_i)^2 =$$

$$\sum_i (Y_i - a - b_1\, X_{i1} - b_2\, X_{i2} - \ldots\, b_k\, X_{ik})^2$$

On peut montrer que $\vec{b}$ s'obtient en calculant l'expression:

$$\vec{b} = \Sigma_{kk}^{-1}\, \Sigma_{kc}$$

où Σ_{kk} = matrice de variances-covariances entre prédicteurs

Σ_{kc} = matrice des covariances des prédicteurs avec le critère

$$\Sigma_{kk}^{-1} \qquad \Sigma_{kc} \qquad \vec{b}$$

$$\begin{vmatrix} 3.266 & -2.125 & -0.422 & -0.962 \\ -2.125 & 4.541 & -3.517 & -0.870 \\ -0.422 & -3.517 & 5.910 & 1.577 \\ -0.962 & -0.870 & 1.577 & 6.345 \end{vmatrix} \begin{vmatrix} 0.64 \\ 0.73 \\ 0.49 \\ 0.09 \end{vmatrix} = \begin{vmatrix} 0.246 \\ 0.153 \\ 0.200 \\ 0.093 \end{vmatrix}$$

Quant au terme constant a, il est donné par l'expression:

$$a = m\,(Y) - m\,(X_1)\,b_1 - m\,(X_2)\,b_2 - \ldots - m(X_k)\,b_k$$

Dans l'exemple:

$a = 3.98 - (4.83)\,0.246 - (3.70)\,0.153 - (4.5)\,0.200 - (4.4)\,0.093$

$a = 3.98 - 1.188 - 0.566 - 0.900 - 0.409$

$a = 0.917$

L'équation de régression multiple s'écrira donc finalement:

$$\hat{Y} = 0.917 + 0.246\,(X_1) + 0.153\,(X_2) + 0.200\,(X_3) + 0.093\,(X_4)$$

Pour le premier individu, le score prédit à partir de l'équation serait:

$$\hat{Y}_1 = 0.917 + 0.246\,(4.5) + 0.153\,(4) + 0.200\,(5) + 0.093\,(4.5) = 4.055$$

Le résidu $Y_1 - \hat{Y}_1$ serait: 4.40 – 4.055 = 0.3455

La comparaison entre les valeurs Y et la prédiction $\hat{Y}$ se révèle très utile. Dans notre exemple:

Y	$\hat{Y}$	$Y - \hat{Y}$
4.4	4.0545	0.3455
4.7	4.3234	0.3765
4	3.878	0.122
4.1	4.4235	– 0.3235
4.7	4.753	– 0.053
4.9	4.4235	0.4765
4.1	3.525	0.575
4	3.662	0.338
4.25	4.154	0.096
3.1	3.548	– 0.448
4.2	4.254	– 0.054
2.8	3.349	– 0.549
3.9	4.3075	– 0.4075
4.8	4.507	0.293
3.9	3.156	0.744
3.6	3.678	– 0.078
3.5	3.9245	– 0.4245
4.8	4.723	0.077
1.9	2.188	– 0.288
4	4.753	– 0.753

A quelques erreurs d'arrondi près, on peut constater que la moyenne du résidu est bien nulle.

5.b. Corrélation multiple

Le coefficient de corrélation multiple exprime la corrélation du critère Y avec sa prédiction $\hat{Y}$:

$$R = \frac{\text{cov}\ (Y, \hat{Y})}{s_Y\ s_{\hat{Y}}} = \sqrt{\frac{\text{var}\ (\hat{Y})}{\text{var}\ Y}}$$

En effet: $\text{var}\,(\hat{Y}) = \text{cov}\,(\hat{Y}, \hat{Y}) = \text{cov}\,(Y - \ \varepsilon) = \text{cov}\,(Y, \hat{Y}) - \text{cov}\,(\varepsilon, \hat{Y})$
$= \text{cov}\,(Y, \hat{Y})$

Le carré de la corrélation multiple, R^2 ou coefficient de détermination multiple est le rapport de la variance de la prédiction à la variance du critère:

$$R^2 = \frac{\text{var}\ (\hat{Y})}{\text{var}\ (Y)}$$

La variance de Y ne pose pas de problème de calcul. On obtiendra la variance de la prédiction par l'expression:

$$\text{var}\ (\hat{Y}) = \Sigma'_{kc}\ \vec{b}$$

C'est donc le produit scalaire du transposé du vecteur des covariances entre prédicteurs et critère et du vecteur des coefficients de régression.

Dans l'exemple:

$$\text{var}\ \hat{Y} = |0.64 \quad 0.73 \quad 0.49 \quad 0.09| \begin{vmatrix} 0.246 \\ 0.153 \\ 0.200 \\ 0.093 \end{vmatrix} = 0.376$$

Dès lors $R = \dfrac{0.376}{0.54} = 0.834$ et $R^2 = 0.696$

On peut donc expliquer 69.6% de la variance du critère par l'application affine des prédicteurs que nous avons précédemment calculée.

Comme coefficient de détermination simple, R^2 prend ses valeurs entre 0 et 1.

5.c. Coefficients de corrélation partielle et coefficients de régression standardisés

Soient trois variables *X*, *Y* et *Z*. On pourrait s'intéresser à la corrélation existant en *X* et *Y* indépendamment de l'influence de la variable *Z*. Ou encore, qu'en est-il de la dépendance entre *X* et *Y* si on maintient *Z* constant?

Selon les résultats de l'exemple de V.5. étudions la relation entre la mathématique, la logique et la statistique.

La matrice des corrélations entre ces trois disciplines est:

	M	S	L
M	1.00	0.86	0.76
S		1.00	0.88
L			1.00

Quelle serait la corrélation entre mathématique et statistique indépendamment de l'influence de la logique?

La formule générale est donnée par:

$$\rho(XY.Z) = \frac{\rho(X,Y) - \rho(Z,X)\ \rho(Z,Y)}{\sqrt{(1 - \rho^2(Z,X))\ (1 - \rho^2(Z,Y))}}$$

La notation $\rho(XY.Z)$ se lit «corrélation entre *X* et *Y* en exceptant l'influence de *Z*».

Dans l'exemple:

$$\rho(MS.L) = \frac{0.86 - (0.76)\ (0.88)}{\sqrt{(1 - (0.76)^2)\ (1 - (0.88)^2)}} =$$

$$\frac{0.86 - 0.67}{\sqrt{0.42 \times 0.23}} = \frac{0.19}{0.31} = 0.61$$

d'autre part $\rho(ML.S) = \dfrac{0.76 - (0.86)\ (0.88)}{\sqrt{(1 - (0.86)^2)\ (1 - (0.88)^2)}} = 0$

enfin $\rho(LS.M) = \dfrac{0.88 - (0.76)\ (0.86)}{\sqrt{(1 - (0.76)^2)\ (1 - 0.86)^2)}} = \dfrac{0.23}{0.33} = 0.70$

Ces résultats montrent que la relation entre logique et mathématique est complètement médiatisée par la statistique. (Résultat n'ayant qu'une valeur exemplative car le groupe de 20 étudiants n'est pas représentatif de l'ensemble!)

Les coefficients de régression partielle standardisés β_i s'obtiennent en pondérant les coefficients de régression b_i par le rapport de l'écart-type du ième prédicteur à l'écart-type du critère Y.

$$\beta_i = \frac{s_i}{s_Y} b_i$$

Dans l'exemple de V.5., on obtiendrait:

$$\beta_1 = \frac{1.10}{0.73} 0.246 = 0.371$$

$$\beta_2 = \frac{1.24}{0.73} 0.153 = 0.260$$

$$\beta_3 = \frac{0.88}{0.73} 0.200 = 0.241$$

$$\beta_4 = \frac{0.44}{0.73} 0.093 = 0.056$$

L'obtention du β_i fournit une autre manière de calculer R, le coefficient de corrélation multiple

$$R = \sqrt{\beta_1 \ \rho(X_1,Y) + \beta_2 \ \rho(X_2,Y) + \dots \ + \beta_k \ \rho(X_k,Y)}$$

Dans notre exemple:

$$R = \sqrt{0.371 \ (0.80) + 0.260 \ (0.81) + 0.241 \ (0.76) + 0.056 \ (0.28)}$$

$$R = \sqrt{0.706}$$

$$R = 0.84$$

Ce résultat correspond (aux erreurs d'arrondi près) à la valeur trouvée en V.5.b.

Les coefficients de régression partielle standardisés s'interprètent comme des corrélations partielles. A savoir que chacun d'eux exprime la relation entre la variable qui lui est associée et le critère, l'influence des autres variables étant maintenue constante.

Table de $\log_2 K$

K	$\log_2(K)$	K	$\log_2(K)$
1	0.00000	51	5.67243
2	1.00000	52	5.70044
3	1.58496	53	5.72792
4	2.00000	54	5.75489
5	2.32193	55	5.78136
6	2.58496	56	5.80735
7	2.80735	57	5.83289
8	3.00000	58	5.85798
9	3.16993	59	5.88264
10	3.32193	60	5.90689
11	3.45943	61	5.93074
12	3.58496	62	5.95420
13	3.70044	63	5.97728
14	3.80735	64	6.00000
15	3.90689	65	6.02237
16	4.00000	66	6.04439
17	4.08746	67	6.06609
18	4.16993	68	6.08746
19	4.24793	69	6.10852
20	4.32193	70	6.12928
21	4.39232	71	6.14975
22	4.45943	72	6.16993
23	4.52356	73	6.18982
24	4.58496	74	6.20945
25	4.64386	75	6.22882
26	4.70044	76	6.24793
27	4.75489	77	6.26679
28	4.80735	78	6.28540
29	4.85798	79	6.30378
30	4.90689	80	6.32193
31	4.95420	81	6.33985
32	5.00000	82	6.35755
33	5.04439	83	6.37504
34	5.08746	84	6.39232
35	5.12928	85	6.40939
36	5.16993	86	6.42626
31	5.20945	87	6.44294
38	5.24793	88	6.45943
39	5.28540	89	6.47573
40	5.32193	90	6.49185
41	5.35755	91	6.50779
42	5.39232	92	6.52356
43	5.42626	93	6.53916
44	5.45943	94	6.55459
45	5.49185	95	6.56986
46	5.52356	96	6.58496
47	5.55459	97	6.59991
48	5.58496	98	6.61471
49	5.61471	99	6.62936
50	5.64386	100	6.64386

Table de $-p_i \log_2 p_i$

p_i	$-p_i * \log_2(p_i)$	p_i	$-p_i * \log_2(p_i)$
0.01	0.06644	0.51	0.49543
0.02	0.11288	0.52	0.49058
0.03	0.15177	0.53	0.48545
0.04	0.18575	0.54	0.48004
0.05	0.21610	0.55	0.47437
0.06	0.24353	0.56	0.46844
0.07	0.26856	0.57	0.46225
0.08	0.29151	0.58	0.45581
0.09	0.31265	0.59	0.44912
0.10	0.33219	0.60	0.44218
0.11	0.35029	0.61	0.43500
0.12	0.36707	0.62	0.42759
0.13	0.38264	0.63	0.41994
0.14	0.39711	0.64	0.41207
0.15	0.41054	0.65	0.40397
0.16	0.42302	0.66	0.39564
0.17	0.43459	0.67	0.38710
0.18	0.44531	0.68	0.37835
0.19	0.45523	0.69	0.36938
0.20	0.46439	0.70	0.36020
0.21	0.47282	0.71	0.35082
0.22	0.48057	0.72	0.34123
0.23	0.48767	0.73	0.33144
0.24	0.49413	0.74	0.32146
0.25	0.50000	0.75	0.31128
0.26	0.50529	0.76	0.30091
0.27	0.51002	0.77	0.29034
0.28	0.51422	0.78	0.27959
0.29	0.51790	0.79	0.26866
0.30	0.52109	0.80	0.25754
0.31	0.52379	0.81	0.24625
0.32	0.52603	0.82	0.23477
0.33	0.52782	0.83	0.22312
0.34	0.52917	0.84	0.21129
0.35	0.53010	0.85	0.19930
0.36	0.53062	0.86	0.18713
0.37	0.53073	0.87	0.17479
0.38	0.53045	0.88	0.16229
0.39	0.52980	0.89	0.14963
0.40	0.52877	0.90	0.13680
0.41	0.52738	0.91	0.12382
0.42	0.52565	0.92	0.11067
0.43	0.52356	0.93	0.09737
0.44	0.52115	0.94	0.08391
0.45	0.51840	0.95	0.07030
0.46	0.51534	0.96	0.05654
0.47	0.51196	0.97	0.04263
0.48	0.50827	0.98	0.02856
0.49	0.50428	0.99	0.01435
0.50	0.50000	1.00	0.00000

Bibliographie

Ouvrages cités ou consultés

Annuaire Statistique de l'Education, Genève, DIP, 1975.

BENZECRI, J.-P., L'analyse des données: Vol. I, La taxinomie. Vol. II, L'analyse des correspondances. Paris, Dunod, 1973.

CRAMER H., Mathematical methods of statistics, Princeton University Press, 1946.

DAGNELIE P., Théorie et méthodes statistiques, 2 vol., Gembloux, Ed. J. Duculot, 1969.
– L'analyse statistique à plusieurs variables, Gembloux, Les Presses Agronomiques, 1975.

GOODMAN L.A. & KRUSKAL W.H., Measures of association for cross classifications, Parts I, II and III. J. Amer. Statist. Assoc., 49, 732, 1954; 54, 1959; 58, 310, 1963.

HAUERT C.-A., Propriétés des objets et propriétés des actions chez l'enfant de 2 à 5 ans, Archives de Psychologie, XLVIII, 185, 1980.

KENDALL M.G. & STUART A., The advanced theory of statistics, 4 vol., London, C. Griffin & Comp. Ltd, 1969.

SPENCE K.W., A theory of emotionally based drive (D) and its relation to performance in simple learning situations, American Psychologist, 13, 1950, pp. 131–141.

THOM R., Modèles mathématiques de la morphogenèse, Paris, Coll. 10–18, 1974.

Exploration

Ouvrages parus

Education: histoire et pensée

- Loïc Chalmel: *La petite école dans l'école – Origine piétiste-morave de l'école maternelle française.* Préface de J. Houssaye. 375 p., 1996, 2000.
- Loïc Chalmel: *Jean Georges Stuber (1722-1797) – Pédagogie pastorale.* Préface de D. Hameline, XXII, 187 p., 2001.
- Loïc Chalmel: *Réseaux philanthropinistes et pédagogie au 18ᵉ siècle.* ??? p., 2004.
- Nanine Charbonnel: *Pour une critique de la raison éducative.* 189 p., 1988.
- Marie-Madeleine Compère: *L'histoire de l'éducation en Europe. Essai comparatif sur la facon dont elle s'écrit.* (En coédition avec INRP, Paris). 302 p., 1995.
- Lucien Criblez, Rita Hofstetter (éds/Hg.), Danièle Périsset Bagnoud (avec la collaboration de/unter Mitarbeit von): *La formation des enseignant(e)s primaires. Histoire et réformes actuelles / Die Ausbildung von PrimarlehrerInnen. Geschichte und aktuelle Reformen.* VIII, 595 p., 2000.
- Marcelle Denis: *Comenius. Une pédagogie à l'échelle de l'Europe.* 288 p., 1992.

- Patrick Dubois: *Le Dictionnaire de Ferdinand Buisson. Aux fondations de l'école républicaine (1878-1911).* VIII, 243 p., 2002.
- Jacqueline Gautherin: *Une discipline pour la République. La science de l'éducation en France (1882-1914).* Préface de Viviane Isambert-Jamati. XX, 357 p., 2003.
- Daniel Hameline, Jürgen Helmchen, Jürgen Oelkers (éds): *L'éducation nouvelle et les enjeux de son histoire.* Actes du colloque international des archives Institut Jean-Jacques Rousseau. VI, 250 p., 1995.
- Rita Hofstetter: *Les lumières de la démocratie. Histoire de l'école primaire publique à Genève au XIXe siècle.* VII, 378 p., 1998.
- Rita Hofstetter, Charles Magnin, Lucien Criblez, Carlo Jenzer (†) (éds): *Une école pour la démocratie. Naissance et développement de l'école primaire publique en Suisse au 19e siècle.* XIV, 376 p., 1999.
- Rita Hofstetter, Bernard Schneuwly (éds/Hg.): *Science(s) de l'éducation (19e-20e siècles) – Erziehungswissenschaft(en) (19.–20. Jahrhundert). Entre champs professionnels et champs disciplinaires – Zwischen Profession und Disziplin.* 512 p., 2002.
- Jean Houssaye: *Théorie et pratiques de l'éducation scolaire* (1): *Le triangle pédagogique.* Préface de D. Hameline. 267 p., 1988, 1992, 2000.
- Jean Houssaye: *Théorie et pratiques de l'éducation scolaire* (2): *Pratique pédagogique.* 295 p., 1988.
- Alain Kerlan: *La science n'éduquera pas. Comte, Durkheim, le modèle introuvable.* Préface de N. Charbonnel. 326 p., 1998.
- Francesca Matasci: *L'inimitable et l'exemplaire: Maria Boschetti Alberti. Histoire et figures de l'Ecole sereine.* Préface de Daniel Hameline. 232 p., 1987.
- Pierre Ognier: *L'Ecole républicaine française et ses miroirs.* Préface de D. Hameline. 297 p., 1988.
- Johann Heinrich Pestalozzi: *Ecrits sur l'expérience du Neuhof.* Suivi de quatre études de P.-Ph. Bugnard, D. Tröhler, M. Soëtard et L. Chalmel. Traduit de l'allemand par P.-G. Martin. X, 160 p., 2001.
- Johann Heinrich Pestalozzi: *Sur la législation et l'infanticide. Vérités, recherches et visions.* Suivi de quatre études de M. Porret, M.-F. Vouilloz Burnier, C. A. Muller et M. Soëtard. Traduit de l'allemand par P.-G. Matin. VI, 264 p., 2003.
- Martine Ruchat: *Inventer les arriérés pour créer l'intelligence. L'arriéré scolaire et la classe spéciale. Histoire d'un concept et d'une innovation psychopédagogique 1874–1914.* Préface de Daniel Hameline. XX, 239 p., 2003.
- Jean-François Saffange: *Libres regards sur Summerhill. L'œuvre pédagogique de A.-S. Neill.* Préface de D. Hameline. 216 p., 1985.
- Michel Soëtard, Christian Jamet (éds): *Le pédagogue et la modernité. A l'occasion du 250e anniversaire de la naissance de Johann Heinrich Pestalozzi (1746-1827).* Actes du colloque d'Angers (9-11 juillet 1996). IX, 238 p., 1998.
- Alain Vergnioux: *Pédagogie et théorie de la connaissance. Platon contre Piaget?* 198 p., 1991.
- Marie-Thérèse Weber: *La pédagogie fribourgeoise, du concile de Trente à Vatican II. Continuité ou discontinuité?* Préface de G. Avanzini. 223 p., 1997.

Recherches en sciences de l'éducation

- Linda Allal, Jean Cardinet, Phillipe Perrenoud (éds): *L'évaluation formative dans un enseignement différencié.* Actes du Colloque à l'Université de Genève, mars 1978. 264 p., 1979, 1981, 1983, 1985, 1989, 1991, 1995.
- Claudine Amstutz, Dorothée Baumgartner, Michel Croisier, Michelle Impériali, Claude Piquilloud: *L'investissement intellectuel des adolescents. Recherche clinique.* XVII, 510 p., 1994.
- Guy Avanzini (éd.): *Sciences de l'éducation: regards multiples.* 212 p., 1994.
- Daniel Bain: *Orientation scolaire et fonctionnement de l'école.* Préface de J. B. Dupont et F. Gendre. VI, 617 p., 1979.
- Ana Benavente, António Firmino da Costa, Fernando Luis Machado, Manuela Castro Neves: *De l'autre côté de l'école.* 165 p., 1993.
- Anne-Claude Berthoud, Bernard Py: *Des linguistes et des enseignants. Maîtrise et acquisition des langues secondes.* 124 p., 1993.
- Dominique Bucheton: *Ecritures-réécritures – Récits d'adolescents.* 320 p., 1995.
- Jean Cardinet, Yvan Tourneur (†): *Assurer la mesure. Guide pour les études de généralisabilité.* 381 p., 1985.
- Felice Carugati, Francesca Emiliani, Augusto Palmonari: *Tenter le possible. Une expérience de socialisation d'adolescents en milieu communautaire.* Traduit de l'italien par Claude Béguin. Préface de R. Zazzo. 216 p., 1981.
- Evelyne Cauzinille-Marmèche, Jacques Mathieu, Annick Weil-Barais: *Les savants en herbe.* Préface de J.-F. Richard. XVI, 210 p., 1983, 1985.
- Vittoria Cesari Lusso: *Quand le défi est appelé intégration. Parcours de socialisation et de personnalisation de jeunes issus de la migration.* XVIII, 328 p., 2001.
- Nanine Charbonnel (éd.): *Le Don de la Parole. Mélanges offerts à Daniel Hameline pour son soixante-cinquième anniversaire.* VIII, 161 p., 1997.
- Christian Daudel: *Les fondements de la recherche en didactique de la géographie.* 246 p., 1990.
- Bertrand Daunay: *La paraphrase dans l'enseignement du français.* XIV, 262 p., 2002.
- Jean-Marie De Ketele: *Observer pour éduquer.* (Epuisé)
- Joaquim Dolz, Jean-Claude Meyer (sous la direction de): *Activités métalangagières et enseignement du français. Actes des journées d'étude en didactique du français (Cartigny, 28 février – 1 mars 1997).* XIII, 283 p., 1998.
- Pierre Dominicé: *La formation, enjeu de l'évaluation.* Préface de B. Schwartz. (Epuisé)
- Pierre-André Doudin, Daniel Martin, Ottavia Albanese (sous la direction de): *Métacognition et éducation.* XIV, 392 p., 1999, 2001.
- Pierre Dominicé, Michel Rousson: *L'éducation des adultes et ses effets. Problématique et étude de cas.* (Epuisé)
- Andrée Dumas Carré, Annick Weil-Barais (éds.): *Tutelle et médiation dans l'éducation scientifique.* VIII, 360 p., 1998.

- Jean-Blaise Dupont, Claire Jobin, Roland Capel: *Choix professionnels adolescents. Etude longitudinale à la fin de la scolarité secondaire.* 2 vol., 419 p., 1992.
- Raymond Duval: *Sémiosis et pensée humaine – Registres sémiotiques et apprentissages intellectuels.* 412 p., 1995.
- Eric Espéret: *Langage et origine sociale des élèves.* (Epuisé)
- Jean-Marc Fabre: *Jugement et certitude. Recherche sur l'évaluation des connaissances.* Préface de G. Noizet. (Epuisé)
- Monique Frumholz: *Ecriture et orthophonie.* 272 p., 1997.
- Pierre Furter: *Les systèmes de formation dans leurs contextes.* (Epuisé)
- André Gauthier (éd.): *Explorations en linguistique anglaise. Aperçus didactiques.* Avec Jean-Claude Souesme, Viviane Arigne, Ruth Huart-Friedlander. 243 p., 1989.
- Michel Gilly, Arlette Brucher, Patricia Broadfoot, Marylin Osborn: *Instituteurs anglais instituteurs francais. Pratiques et conceptions du rôle.* XIV, 202 p., 1993.
- André Giordan: *L'élève et/ou les connaissances scientifiques. Approche didactique de la construction des concepts scientifiques par les élèves.* 3e édition, revue et corrigée. 180 p., 1994.
- André Giordan, Yves Girault, Pierre Clément (éds): *Conceptions et connaissances.* 319 p., 1994.
- André Giordan (éd.): *Psychologie genétique et didactique des sciences.* Avec Androula Henriques et Vinh Bang. (Epuisé)
- Armin Gretler, Ruth Gurny, Anne-Nelly Perret-Clermont, Edo Poglia (éds): *Etre migrant. Approches des problèmes socio-culturels et linguistiques des enfants migrants en Suisse.* 383 p., 1981, 1989.
- Francis Grossmann: *Enfances de la lecture. Manières de faire, manières de lire à l'école maternelle.* Préface de Michel Dabène. 260 p., 1996, 2000.
- Francis Grossmann, Jean-Pascal Simon: *Lecture à l'Université. Langue maternelle, seconde et étrangère.* 335 p., 2003.
- Michael Huberman, Monica Gather Thurler: *De la recherche à la pratique. Eléments de base et mode d'emploi.* 2 vol., 335 p., 1991.
- Institut romand de recherches et de documentation pédagogiques (Neuchâtel): Connaissances mathématiques à l'école primaire: J.-F. Perret: *Présentation et synthèse d'une évaluation romande;* F. Jaquet, J. Cardinet: *Bilan des acquisitions en fin de première année;* F. Jaquet, E. George, J.-F. Perret: *Bilan des acquisitions en fin de deuxième année;* J.-F. Perret: *Bilan des acquisitions en fin de troisième année;* R. Hutin, L.-O. Pochon, J.-F. Perret: *Bilan des acquisitions en fin de quatrième année;* L.-O. Pochon: *Bilan des acquisitions en fin de cinquième et sixième année.* 1988-1991.
- Daniel Jacobi: *Textes et images de la vulgarisation scientifique.* Préface de J. B. Grize. (Epuisé)
- René Jeanneret (éd.): *Universités du troisième âge en Suisse.* Préface de P. Vellas. 215 p., 1985.
- Samuel Johsua, Jean-Jacques Dupin: *Représentations et modélisations: le «débat scientifique» dans la classe et l'apprentissage de la physique.* 220 p., 1989.

- Constance Kamii: *Les jeunes enfants réinventent l'arithmétique.* Préface de B. Inhelder. 171 p., 1990, 1994.
- Helga Kilcher-Hagedorn, Christine Othenin-Girard, Geneviève de Weck: *Le savoir grammatical des élèves. Recherches et réflexions critiques.* Préface de J.-P. Bronckart. 241 p., 1986.
- Georges Leresche (†): *Calcul des probabilités.* (Epuisé)
- Even Loarer, Daniel Chartier, Michel Huteau, Jacques Lautrey: *Peut-on éduquer l'intelligence? L'évaluation d'une méthode d'éducation cognitive.* 232 p., 1995.
- Georges Lüdi, Bernard Py: *Etre bilingue.* 3e édition. XII, 203 p., 2003.
- Pierre Marc: *Autour de la notion pédagogique d'attente.* 235 p., 1983, 1991, 1995.
- Jean-Louis Martinand: *Connaître et transformer la matière.* Préface de G. Delacôte. (Epuisé)
- Marinette Matthey: *Apprentissage d'une langue et interaction verbale.* XII, 247 p., 1996, 2003.
- Paul Mengal: *Statistique descriptive appliquée aux sciences humaines.* VII, 107 p., 1979, 1984, 1991, 1994, 1999 (5e + 6e), 2004.
- Henri Moniot (éd.): *Enseigner l'histoire. Des manuels à la mémoire.* (Epuisé)
- Cléopâtre Montandon, Philippe Perrenoud: *Entre parents et enseignants: un dialogue impossible?* Nouvelle édition, revue et augmentée. 216 p., 1994.
- Christiane Moro, Bernard Schneuwly, Michel Brossard (éds): *Outils et signes. Perspectives actuelles de la théorie de Vygotski.* 221 p., 1997.
- Gabriel Mugny (éd.): *Psychologie sociale du développement cognitif.* Préface de M. Gilly. (Epuisé)
- Sara Pain: *Les difficultés d'apprentissage. Diagnostic et traitement.* 125 p., 1981, 1985, 1992.
- Sara Pain: *La fonction de l'ignorance.* (Epuisé)
- Christiane Perregaux: *Les enfants à deux voix. Des effets du bilinguisme successif sur l'apprentissage de la lecture.* 399 p., 1994.
- Jean-François Perret: *Comprendre l'écriture des nombres.* 293 p., 1985.
- Anne-Nelly Perret-Clermont: *La construction de l'intelligence dans l'interaction sociale.* Edition revue et augmentée avec la collaboration de Michèle Grossen, Michel Nicolet et Maria-Luisa Schubauer-Leoni. 305 p., 1979, 1981, 1986, 1996, 2000.
- Edo Poglia, Anne-Nelly Perret-Clermont, Armin Gretler, Pierre Dasen (éds): *Pluralité culturelle et éducation en Suisse. Etre migrant.* 476 p., 1995.
- Jean Portugais: *Didactique des mathématiques et formation des enseignants.* 340 p., 1995.
- Yves Reuter (éd.): *Les interactions lecture-écriture.* Actes du colloque organisé par THÉODILE-CREL (Lille III, 1993). XII, 404 p., 1994, 1998.
- Guy Rumelhard: *La génétique et ses représentations dans l'enseignement.* Préface de A. Jacquard. 169 p., 1986.
- El Hadi Saada: *Les langues et l'école. Bilinguisme inégal dans l'école algérienne.* Préface de J.-P. Bronckart. 257 p., 1983.

- Gérard Vergnaud: *L'enfant, la mathématique et la réalité. Problèmes de l'enseignement des mathématiques à l'école élémentaire.* V, 218 p., 1981, 1983, 1985, 1991, 1994.
- Jacques Weiss (éd.): *A la recherche d'une pédagogie de la lecture.* (Epuisé)

Kolibri 360 GmbH
Ferdinand-Jühlke-Straße 7
99095 Erfurt, Deutschland
produktsicherheit@kolibri360.de

Druck:
CPI Druckdienstleistungen GmbH
im Auftrag der
Kolibri 360 GmbH
Ferdinand-Jühlke-Str. 7
99095 Erfurt